1 中学校の復習 ～分数の計算～

学習日　　月　　日　学習時間　　分　得点　　/10

まとめ

分数における四則演算

分数の計算では，以下の四則演算のルールにしたがって計算する。

①足し算（加法）・引き算（減法）

分数の足し算や引き算の計算は，通分をして分母をそろえ，計算する。

②掛け算（乗法）

分数の掛け算は，分母どうし，分子どうしを掛け合わせ，計算する。

③割り算（除法）

分数の割り算は，割る数の逆数を掛けて計算する。

分数と整数，小数が混ざった計算をする場合，整数や小数を分数の形で表して計算する。

1 分数の足し算・引き算　次の分数の計算をせよ。

例題

$\frac{3}{4}+\frac{1}{2}+\left(-\frac{1}{3}\right)$

解 $\frac{9}{12}+\frac{6}{12}-\frac{4}{12}=\frac{11}{12}$

4と2と3の最小公倍数が12であるから，分母を12として通分する。その際，それぞれの分数の大きさを変化させないように分子の数に注意する。

(1) $\frac{5}{6}-\frac{7}{9}$

(2) $\left(-\frac{1}{6}\right)-\left(-\frac{3}{2}\right)+1$

(3) $-\frac{5}{6}+\frac{4}{3}-3$

(4) $\frac{4}{3}+\frac{1}{5}-\frac{3}{2}$

(5) $\frac{4}{3}+\left(-\frac{5}{6}\right)-1.5+\frac{7}{4}$

2 分数の掛け算・割り算　次の計算をせよ。

例題

$\frac{5}{2}\div\left(-\frac{15}{8}\right)$

解 $\frac{5}{2}\times\left(-\frac{8}{15}\right)=-\frac{4}{3}$

分数の割り算では，割る数の逆数を掛ける。約分ができる場合は，先に約分をしてもよい。

(1) $\frac{5}{6}\times\frac{5}{3}$

(2) $\left(-\frac{7}{9}\right)\div\left(-\frac{14}{45}\right)$

(3) $\left(-\frac{2}{3}\right)\div 8\times\frac{3}{2}$

(4) $\left(-\frac{4}{7}\right)\div\frac{16}{21}\times 4$

(5) $\frac{25}{3}\div 2.5-\left(-\frac{1}{6}\right)\times\frac{3}{2}$

2 有効数字と単位の換算

学習日　　月　　日　学習時間　　分　得点　　/27

まとめ

指数

$10\times10=10^2$，$10\times10\times10=10^3$，…のように，10 を n 個かけあわせたものを 10^n と表し，n を 10^n の**指数**という。n を正の整数として，10^0，10^{-n} は次のように定められる。

$$10^0=1 \qquad 10^{-n}=\frac{1}{10^n}$$

m，n を整数として，次の関係が成り立つ。

$$10^m\times10^n=10^{m+n}$$

$$10^m\div10^n=10^{m-n}$$

$$(10^m)^n=10^{m\times n}$$

有効数字

測定で得られた意味のある数字。有効数字の桁数を明確にするため，物理量の数値は，$\square\times10^n$ の形で表記される($1\leqq\square<10$)。

測定値の計算

①**足し算・引き算**　計算結果の末位を，最も末位の高いものにそろえる。

②**掛け算・割り算**　計算結果の桁数を，有効数字の桁数が最も少ないものにそろえる。

③**定数を含む計算**　π や $\sqrt{2}$ のような定数は，測定値の桁数よりも 1 桁多くとって計算する。

1 指数の計算　次の指数の計算をせよ。

(1)　$10^3\times10^4$

(2)　$2\times10^5\times3\times10^4$

(3)　$5\times10^{-2}\times10^{10}\times10^{-12}$

(4)　$6\times\dfrac{10^8}{10^3}$

(5)　$3\times10^{-4}\times\dfrac{10^9}{10^{-2}}$

(6)　$(2\times10^4)^3$

2 有効数字と指数　有効数字に注意して，次の数値を $\square\times10^n$ の形で表せ($1\leqq\square<10$)。

(1)　400.0

(2)　120.0

(3)　0.070

(4)　0.009340

3 測定値の計算　有効数字に注意して，次の測定値の計算をせよ。

例題

3.0+8.16

解 3.0+8.16=11.16　　11.2

計算結果 11.16 の 6 を四捨五入して，最も末位の高い 3.0 にそろえ，11.2 と求められる。

(1)　5.0+2.19

(2)　4.16−2.3

(3)　2.00×3.0

(4)　1.5÷1.2

(5)　半径 10cm の円周(円周率 π を 3.14 とする)

(6)　半径 2.0cm の円の面積(円周率 π を 3.14 とする)

(7)　$3.0\times\sqrt{2}$ ($\sqrt{2}=1.41$ とする)

まとめ

物理量

一般に，物理で扱われる量は，数値だけでなく，数値に m や秒などの単位を組み合わせて表される。このような量を，**物理量**という。

物理量は，基準となる量(**単位**)をもとに，その量の何倍であるかで表される。

物理量＝数値×単位

100m は 1m の 100 倍，12 秒は 1 秒の 12 倍。

単位の換算

単位には以下のような 10 の整数乗倍を表す接頭語がつくことがある。

k(キロ)：10^3，c(センチ)：10^{-2}，m(ミリ)：10^{-3}

単位は，次のように換算することができる。

①長さの単位

$1\,\text{km}=10^3\,\text{m}$　　$1\,\text{m}=10^{-3}\,\text{km}$

$1\,\text{cm}=10^{-2}\,\text{m}$

②質量の単位

$1\,\text{kg}=10^3\,\text{g}$　　$1\,\text{g}=10^3\,\text{mg}$

③面積の単位

$1\,\text{cm}^2=10^{-2}\,\text{m}\times10^{-2}\,\text{m}=10^{-4}\,\text{m}^2$

④時間の単位

$1\,\text{h}=1\times60\,\text{min}=1\times60\times60\,\text{s}=3.6\times10^3\,\text{s}$

⑤速さの単位

$$36\,\text{km/h}=36\times\frac{10^3\,\text{m}}{60\times60\,\text{s}}=10\,\text{m/s}$$

4 長さの単位　次の物理量の単位を(　)内に示した単位に換算せよ。

例題

鉛筆の長さ 20cm　(m)

解　$1\,\text{cm}=10^{-2}\,\text{m}$ であるから，

$20\,\text{cm}=20\times10^{-2}=0.20\,\text{m}$

(1)　本の厚さ 1.8cm　(mm)

(2)　マラソンで走る距離 42km　(m)

(3)　地球の半径 6.4×10^8cm　(km)

5 面積の単位　次の物理量の単位を(　)内に示した単位に換算せよ。

(1)　円錐の底面積 4.6cm²　(m²)

(2)　円柱の底面積 4.8m²　(mm²)

6 時間の単位　次の物理量の単位を(　)内に示した単位に換算せよ。

(1)　2.0h　(min)

(2)　9.0s　(h)

(3)　1.2s　(min)

7 速さの単位　次の物理量の単位を(　)内に示した単位に換算せよ。

(1)　河川敷を走る自転車の速さ 18km/h　(m/s)

(2)　道路を走る車の速さ 20m/s　(km/h)

3 等速直線運動

学習日　月　日　学習時間　分　得点　/16

まとめ

等速直線運動

直線上を一定の速さで進む物体の運動。

$x=vt$

(移動距離〔m〕＝速さ〔m/s〕×経過時間〔s〕)

速さの単位は，メートル毎秒(記号 m/s)。日常生活では，キロメートル毎時(記号 km/h)なども用いられる。

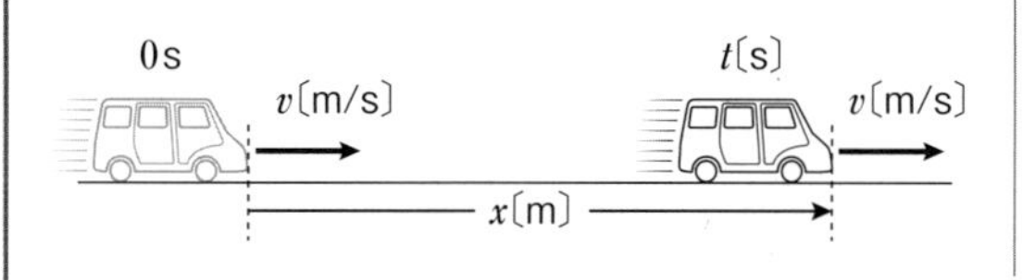

等速直線運動のグラフ

$x-t$ グラフ…移動距離 x〔m〕と経過時間 t〔s〕との関係を示す。

$v-t$ グラフ…速さ v〔m/s〕と経過時間 t〔s〕との関係を示す。

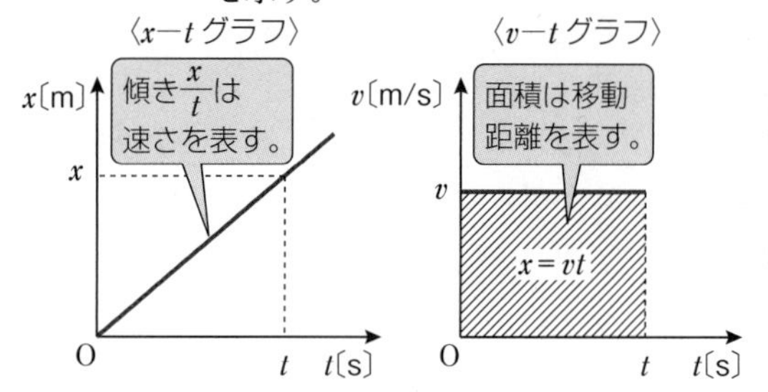

1 等速直線運動　次の等速直線運動をする物体について，以下の各問に答えよ。

例題

ある物体が 7.5m/s の速さで，40s 間移動した。物体が移動した距離は何 m か。

解　v=7.5m/s，t=40s から，

$x=vt=7.5\times40=3.0\times10^2$ m

移動距離 x〔m〕，速さ v〔m/s〕，経過時間 t〔s〕の 3 つの物理量のうち，いずれか 2 つの物理量が与えられていれば，「$x=vt$」の式から残りの物理量が求められる。

(1)　物体が 3.5m/s の速さで 14s 間移動した。移動した距離は何 m か。

(2)　物体が 12km/h の速さで 5.0 時間移動した。移動した距離は何 km か。

(3)　物体が 25s 間に 750m 移動した。速さは何 m/s か。

(4)　物体が 45 分間に 48km 移動した。速さは何 km/h か。

(5)　物体が 20m/s の速さで 56m 移動した。移動にかかった時間は何 s か。

(6)　物体が 36km/h の速さで 7.0s 間移動した。移動した距離は何 m か。

(7)　物体が 2.0 分間に 3.0km 移動した。速さは何 m/s か。

(8)　物体が 72km/h の速さで 1.3km 移動した。移動にかかった時間は何 s か。

2 $x-t$グラフ　次の$x-t$グラフで示される等速直線運動をする物体の速さは何 m/s か。

例題

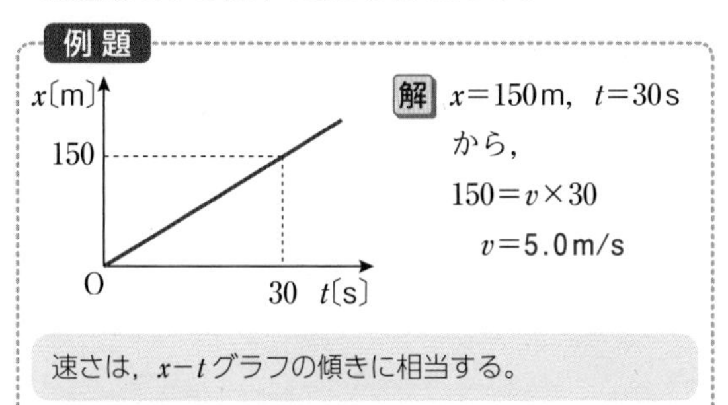

解　$x=150\,\mathrm{m}$，$t=30\,\mathrm{s}$ から，

$150=v\times30$

$v=5.0\,\mathrm{m/s}$

速さは，$x-t$グラフの傾きに相当する。

(1)

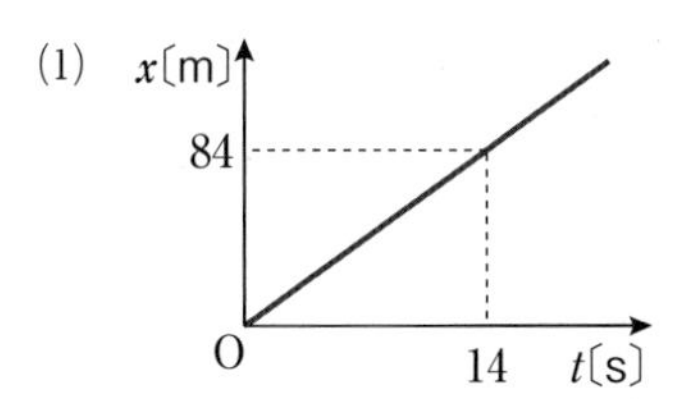

(2)

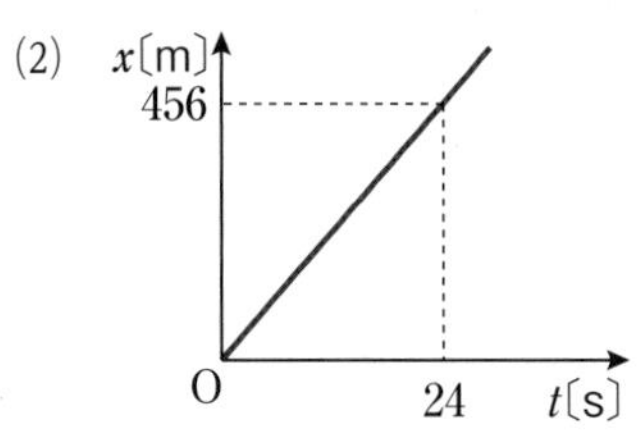

3 $x-t$グラフ　次の等速直線運動をする物体の$x-t$グラフを描け。

例題

15m/s の速さで 75m 移動した。

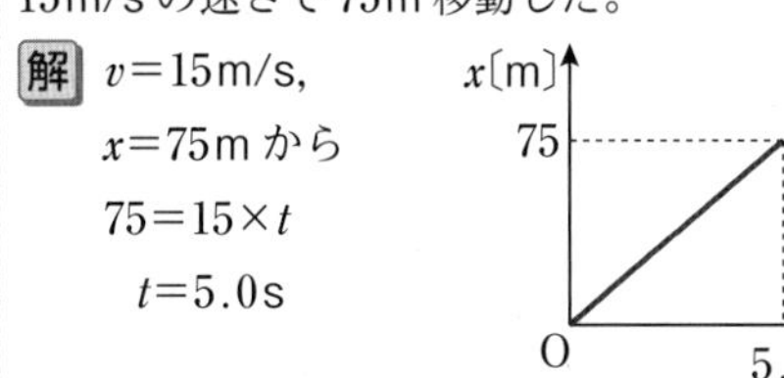

解　$v=15\,\mathrm{m/s}$，$x=75\,\mathrm{m}$ から

$75=15\times t$

$t=5.0\,\mathrm{s}$

$x-t$グラフは，原点と(5.0s，75m)を結ぶ直線となる。

(1)　12m/s の速さで 72m 移動した。

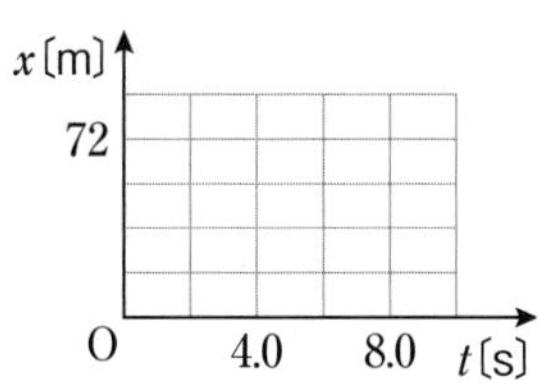

(2)　4.5m/s の速さで 20s 間移動した。

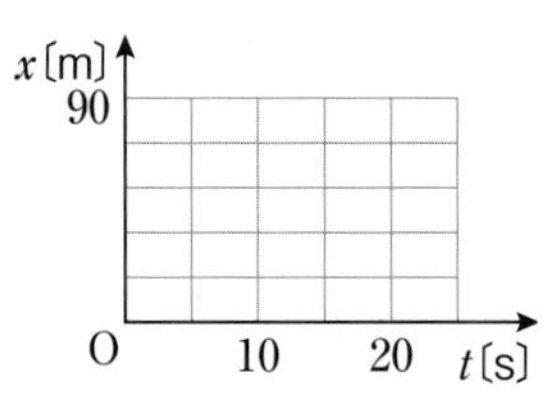

4 $v-t$グラフ　次の$v-t$グラフで示される等速直線運動をする物体の移動距離は何 m か。

例題

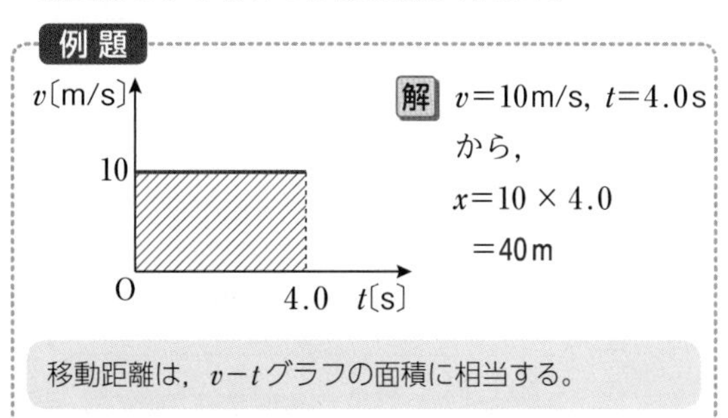

解　$v=10\,\mathrm{m/s}$，$t=4.0\,\mathrm{s}$ から，

$x=10\times4.0$

$=40\,\mathrm{m}$

移動距離は，$v-t$グラフの面積に相当する。

(1)

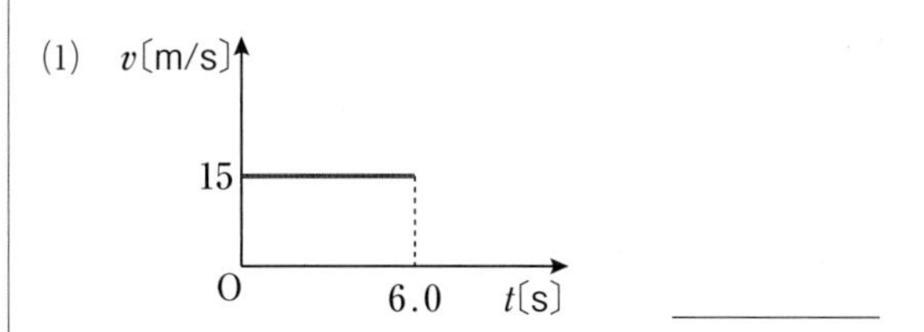

(2)

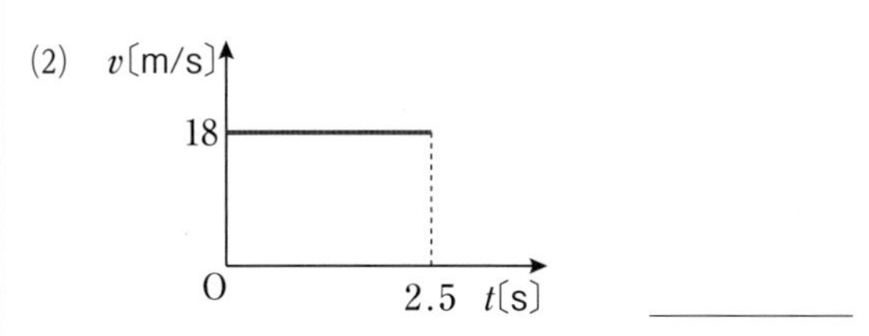

5 $v-t$グラフ　次の等速直線運動をする物体の$v-t$グラフを描け。

例題

8.0s 間に 96m 移動した。

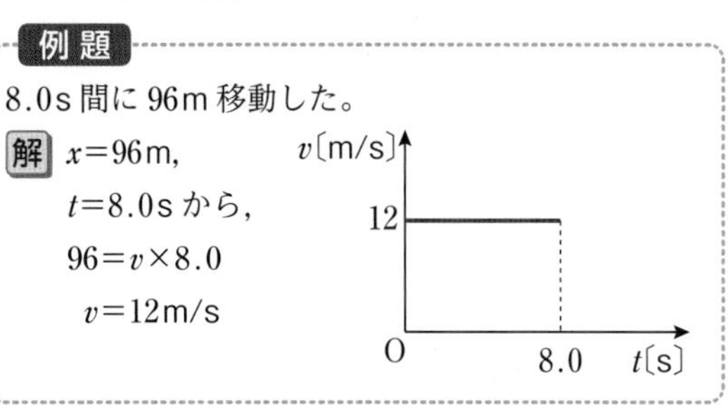

解　$x=96\,\mathrm{m}$，$t=8.0\,\mathrm{s}$ から，

$96=v\times8.0$

$v=12\,\mathrm{m/s}$

(1)　12s 間に 144m 移動した。

v〔m/s〕 12 ／ O　6　12　t〔s〕

(2)　16m/s の速さで 128m 移動した。

v〔m/s〕 16 ／ O　4.0　8.0　t〔s〕

4 速度の合成・相対速度

学習日 月 日 学習時間 分 得点 /14

まとめ

速度の合成 静水の場合に速度 v_1 で進む船が，速度 v_2 で流れる川を進むとき，岸から見た船の速度 v は，

$v=v_1+v_2$

(a) 船の進む向きが川の流れの向きと同じ場合

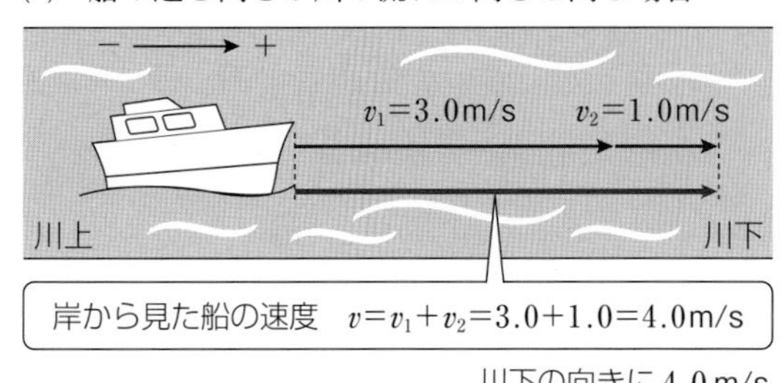

岸から見た船の速度 $v=v_1+v_2=3.0+1.0=4.0$ m/s

川下の向きに 4.0 m/s

(b) 船の進む向きが川の流れの向きと逆の場合

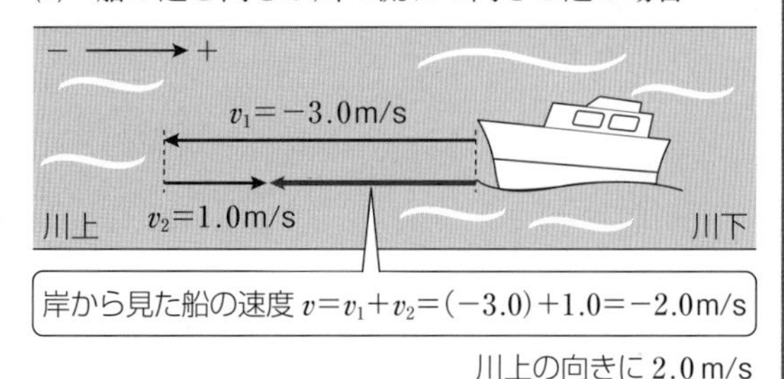

岸から見た船の速度 $v=v_1+v_2=(-3.0)+1.0=-2.0$ m/s

川上の向きに 2.0 m/s

1 速度の合成 次の各問の速度を求めよ。

例題

静水の場合に速さ 6.0m/s で進む船が，流れの速さ 3.0m/s の川を川下の向きに進んでいる。岸から見た船の速度はどちら向きに何 m/s か。

解 川下の向きを正とすると，

$v=v_1+v_2=6.0+3.0=9.0$ m/s

川下の向きに 9.0 m/s

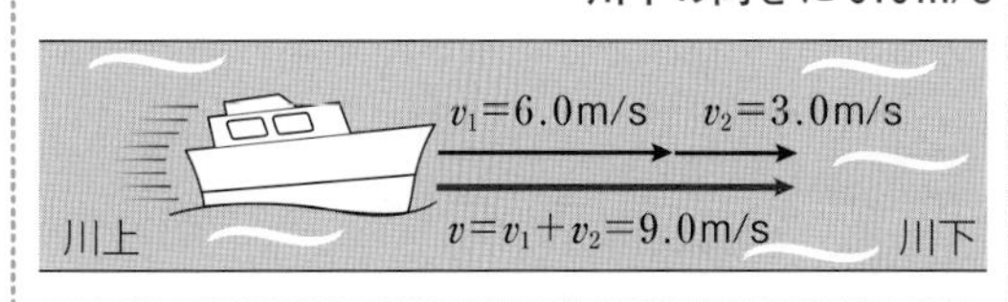

正の向きを定め，「$v=v_1+v_2$」を用いる。正の向きと逆向きの速度は，負の符号を付けて表す。

(1) 右向きに速さ 25m/s で進む電車の中を，人 A が右向きに速さ 1.0m/s で歩いている。地上で静止している人から見た A の速度はどちら向きに何 m/s か。

(2) 右向きに速さ 23m/s で進む電車の中を，人 A が左向きに速さ 3.0m/s で歩いている。地上で静止している人から見た A の速度はどちら向きに何 m/s か。

(3) 静水の場合に速さ 4.5m/s で進む船が，流れの速さ 3.0m/s の川を川下の向きに進んでいる。岸から見た船の速度はどちら向きに何 m/s か。

(4) 静水の場合に速さ 3.0m/s で進む船が，流れの速さ 3.3m/s の川を川上に向かって出発した。岸から見た船の速度はどちら向きに何 m/s か。

(5) 流れのない川を速さ 4.5m/s で川下の向きに進む船の上を，人 A が川下の向きに 3.5m/s で走っている。岸から見た A の速度はどちら向きに何m/sか。

(6) 流れのない川を速さ 3.5m/s で川下の向きに進む船の上を，人 A が川上の向きに 5.5m/s で走っている。岸から見た A の速度はどちら向きに何m/sか。

まとめ

相対速度　地面から見た物体A，Bの速度をv_A，v_Bとすると，Aから見たBの速度(Aに対するBの相対速度)v_{AB}は，　$\boldsymbol{v_{AB}=v_B-v_A}$

(a)　AとBの速度が同じ向きの場合

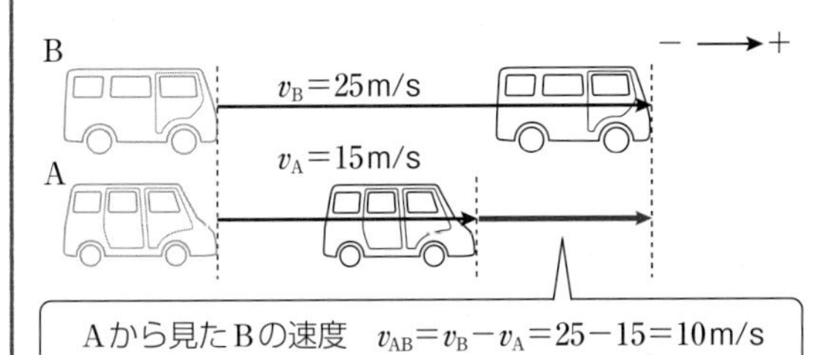

(b)　AとBの速度が逆向きの場合

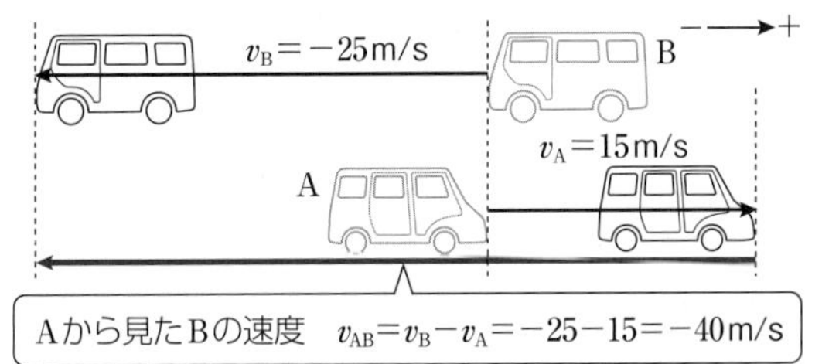

2 相対速度　次の各問の速度を求めよ。

例題

右向きに速さ15m/sで進む電車Aから，右向きに速さ27m/sで進む自動車Bを見たとき，Aに対するBの相対速度はどちら向きに何m/sか。

解　右向きを正とすると，

$v_{AB}=v_B-v_A=27-15=12$m/s

右向きに 12m/s

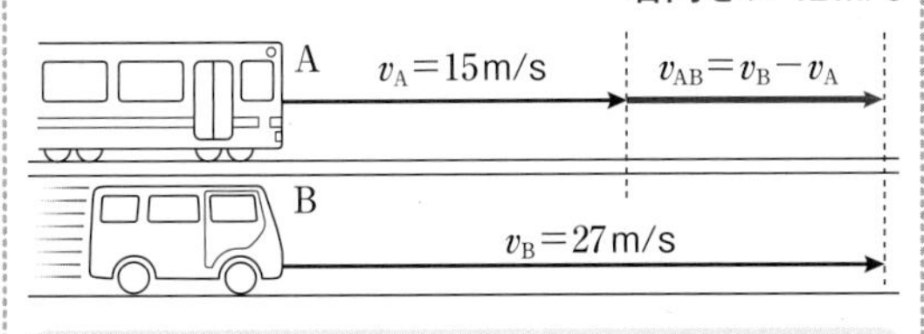

正の向きを定め，「$v_{AB}=v_B-v_A$」を用いる。「Aに対する～」は，「Aから見た～」の意味である。

(1)　右向きに速さ16m/sで進む電車Aから，右向きに速さ21m/sで進む自動車Bを見たとき，Aに対するBの相対速度はどちら向きに何m/sか。

(2)　右向きに速さ20m/sで進む電車Aから，静止している自動車Bを見たとき，Aに対するBの相対速度はどちら向きに何m/sか。

(3)　右向きに速さ12m/sで進む電車Aから，左向きに速さ19m/sで進む自動車Bを見たとき，Aに対するBの相対速度はどちら向きに何m/sか。

(4)　右向きに速さ14m/sで進む電車Aと，左向きに速さ25m/sで進む自動車Bがある。

(a)　Aに対するBの相対速度は，どちら向きに何m/sか。

(b)　Bに対するAの相対速度は，どちら向きに何m/sか。

(5)　右向きに速さ21m/sで進む電車Aから見た自動車Bの速度は，右向きに速さ6.0m/sであった。自動車Bの速度はどちら向きに何m/sか。

(6)　左向きに速さ13m/sで進む電車Aから見た自動車Bは，静止しているように見えた。自動車Bの速度はどちら向きに何m/sか。

(7)　右向きに速さ18m/sで進む電車Aから見た自動車Bの速度は，左向きに速さ45m/sであった。自動車Bの速度はどちら向きに何m/sか。

5 等加速度直線運動①

学習日　　月　　日　学習時間　　分　得点　／19

まとめ

等加速度直線運動

直線上を一定の加速度で進む物体の運動。

初速度 v_0〔m/s〕，加速度 a〔m/s²〕の等加速度直線運動の t〔s〕後の速度 v〔m/s〕は，　$\boldsymbol{v=v_0+at}$

時刻 0 s　v_0〔m/s〕　a〔m/s²〕　時刻 t〔s〕　v〔m/s〕

1 等加速度直線運動($a>0$)　次の等加速度直線運動をする物体について，以下の各問に答えよ。

例題

右向きに速さ 2.0m/s で進んでいた物体が，右向きの加速度 4.0m/s² で 12s 間移動した。このときの速度は，どちら向きに何 m/s か。

解 右向きを正とすると，$v_0=2.0$m/s, $a=4.0$m/s², $t=12$s であり，

$v=v_0+at=2.0+4.0\times12=50$m/s

右向きに 50m/s

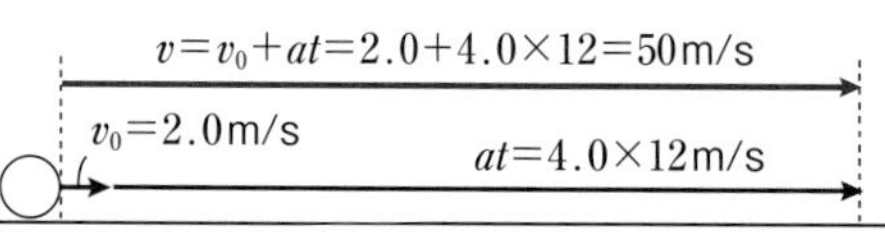

正の向きを定め，初速度 v_0，加速度 a を正，負の符号を用いて表し，「$v=v_0+at$」を利用する。

(1) 静止していた物体が，右向きの加速度 3.0m/s² で 15s 間進んだ。このときの速度は，どちら向きに何 m/s か。

(2) 右向きに速さ 8.0m/s で進んでいた物体が，右向きの加速度 1.6m/s² で 20s 間進んだ。このときの速度は，どちら向きに何 m/s か。

(3) 静止していた物体が，2.0s 後に，右向きに速さ 8.0m/s となった。加速度はどちら向きに何 m/s² か。

(4) 左向きに速さ 14m/s で進んでいた物体が，5.0s 後に，左向きに速さ 28m/s になった。加速度はどちら向きに何 m/s² か。

(5) 物体が右向きの加速度 1.4m/s² で運動しており，時刻 0 から 25s 後の速度が右向きに 49m/s になった。初速度は，どちら向きに何 m/s か。

(6) 物体が左向きの加速度 1.5m/s² で運動しており，時刻 0 から 20s 後の速度が左向きに 32m/s になった。初速度は，どちら向きに何 m/s か。

(7) 静止していた物体が，右向きの加速度 1.8m/s² の運動を始める。速度が右向きに 4.5m/s になるのは何 s 後か。

(8) 右向きに速さ 27m/s で進んでいた物体が，右向きの加速度 1.5m/s² の運動を始める。速度が右向きに 42m/s になるのは何 s 後か。

2 等加速度直線運動($a<0$)　次の等加速度直線運動をする物体について，以下の各問に答えよ。

例題

右向きに速さ2.0m/sで進んでいた物体が，左向きの加速度3.0m/s²で8.0s間進んだ。このときの速度は，どちら向きに何m/sか。

解 右向きを正とすると，$v_0=2.0$m/s，$a=-3.0$m/s²，$t=8.0$sであり，

$v=v_0+at=2.0+(-3.0)\times8.0=-22$m/s

左向きに22m/s

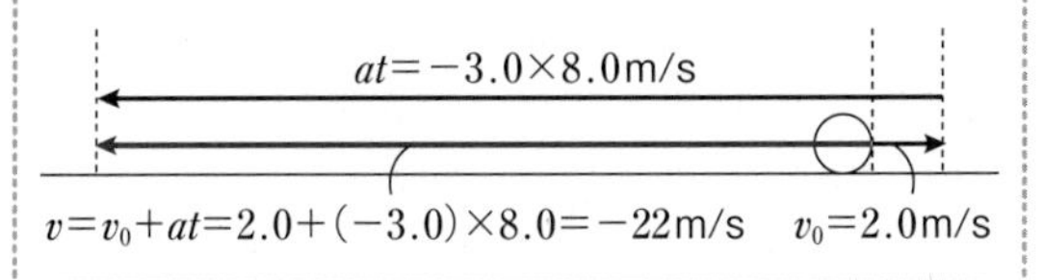

正の向きは，初速度の向きにとることが多い。計算結果が負になる場合は，正の向きと逆向きであることを示している。

(1) 右向きに速さ15m/sで進んでいた物体が，左向きの加速度2.0m/s²で6.0s間進んだ。このときの速度は，どちら向きに何m/sか。

(2) 右向きに速さ20m/sで進んでいた物体が，左向きの加速度0.80m/s²で35s間進んだ。このときの速度は，どちら向きに何m/sか。

(3) 左向きに速さ17m/sで進んでいた物体が，右向きの加速度2.5m/s²で18s間進んだ。このときの速度は，どちら向きに何m/sか。

(4) 物体が右向きに13m/sの初速度で進み，20s後の速度が0になった。加速度はどちら向きに何m/s²か。

(5) 物体が右向きに16m/sの初速度で進み，8.0s後の速度が右向きに4.0m/sになった。加速度はどちら向きに何m/s²か。

(6) 物体が右向きの加速度2.5m/s²で運動しており，時刻0から10s後の速度が左向きに7.0m/sとなった。初速度はどちら向きに何m/sか。

(7) 物体が左向きの加速度1.6m/s²で運動しており，時刻0から15s後の速度が右向きに12m/sとなった。初速度はどちら向きに何m/sか。

(8) 物体が左向きの加速度0.50m/s²で運動しており，時刻0から48s後の速度が左向きに21m/sとなった。初速度はどちら向きに何m/sか。

(9) 物体が右向きに17m/sの初速度，左向きに0.85m/s²の加速度で運動を始める。物体の速度が0になるのは何s後か。

(10) 物体が左向きに25m/sの初速度，右向きに1.4m/s²の加速度で運動を始める。速度が左向きに18m/sになるのは何s後か。

(11) 物体が右向きに23m/sの初速度，左向きに1.5m/s²の加速度で運動を始める。速度が左向きに1.0m/sになるのは何s後か。

等加速度直線運動②

学習日　月　日　学習時間　分　得点　/18

まとめ

等加速度直線運動の変位

初速度 v_0〔m/s〕，加速度 a〔m/s²〕の等加速度直線運動の t〔s〕後の変位 x〔m〕は，

$$x=v_0t+\frac{1}{2}at^2$$

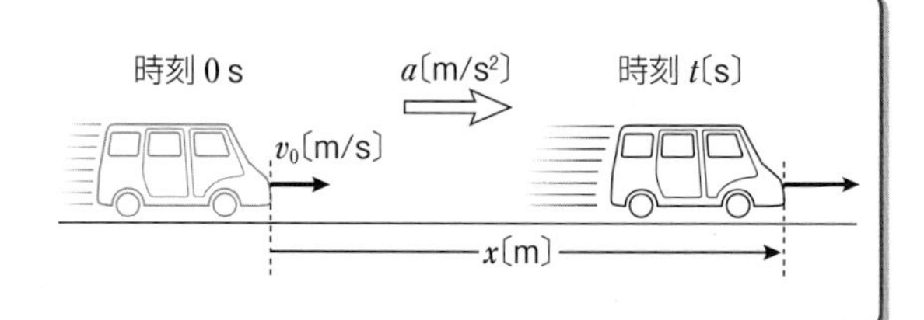

1 等加速度直線運動（$a>0$） 次の等加速度直線運動をする物体について，以下の各問に答えよ。

例題

物体が右向きに 3.0m/s の初速度，右向きに 2.0 m/s² の加速度で 5.0s 間移動した。この間の変位は，どちら向きに何 m か。

解 右向きを正とすると，$v_0=3.0$m/s，$a=2.0$m/s²，$t=5.0$s であり，

$$x=v_0t+\frac{1}{2}at^2=3.0\times5.0+\frac{1}{2}\times2.0\times5.0^2$$

$=40$m　**右向きに 40m**

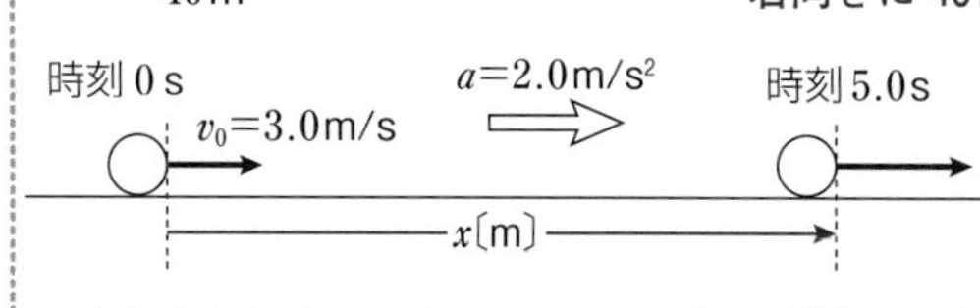

変位 x は，速度，加速度と同様に，向きと大きさをもつベクトル量である。

(1) 静止している物体が，右向きの加速度 2.0m/s² で 3.0s 間移動した。この間の変位は，どちら向きに何 m か。

(2) 静止している物体が，左向きの加速度 3.5m/s² で 4.0s 間移動した。この間の変位は，どちら向きに何 m か。

(3) 物体が右向きに 3.0m/s の初速度，右向きに 1.5m/s² の加速度で 4.0s 間移動した。この間の変位は，どちら向きに何 m か。

(4) 物体が左向きに 2.5m/s の初速度，左向きに 0.50m/s² の加速度で 6.0s 間移動した。この間の変位は，どちら向きに何 m か。

(5) 物体が右向きに 2.5m/s の初速度で進み，時刻 0 から 4.0s 後の変位は，右向きに 26m であった。加速度は，どちら向きに何 m/s² か。

(6) 物体が左向きに 1.5m/s の初速度で進み，時刻 0 から 6.0s 後の変位は，左向きに 36m であった。加速度は，どちら向きに何 m/s² か。

(7) 静止している物体が，右向きに 4.0m/s² の加速度で運動した。変位が右向きに 8.0m となるのは何 s 後か。

(8) 物体が右向きに 1.0m/s の初速度，右向きに 2.0m/s² の加速度で運動した。変位が右向きに 12m となるのは何 s 後か。

2 等加速度直線運動($a<0$)　次の等加速度直線運動をする物体について，以下の各問に答えよ。

例題

物体が右向きに3.0m/sの初速度，左向きに2.0m/s²の加速度で6.0s間移動した。この間の変位は，どちら向きに何mか。

解 右向きを正とすると，$v_0=3.0$m/s，$a=-2.0$m/s²，$t=6.0$sであり，

$$x=v_0t+\frac{1}{2}at^2=3.0\times6.0+\frac{1}{2}\times(-2.0)\times6.0^2$$

$=-18$m　　**左向きに18m**

計算結果が負になる場合は，正の向きと逆向きであることを示している。

(1) 物体が右向きに6.0m/sの初速度，左向きに2.0m/s²の加速度で1.0s間移動した。この間の変位は，どちら向きに何mか。

(2) 物体が左向きに12m/sの初速度，右向きに1.5m/s²の加速度で4.0s間移動した。この間の変位は，どちら向きに何mか。

(3) 物体が左向きに4.0m/sの初速度，右向きに6.0m/s²の加速度で3.0s間移動した。この間の変位は，どちら向きに何mか。

(4) 物体が右向きに10m/sの初速度，左向きに4.0m/s²の加速度で6.0s間移動した。この間の変位は，どちら向きに何mか。

(5) 物体が右向きに2.5m/sの初速度で進み，4.0s後の変位は，右向きに2.0mであった。加速度は，どちら向きに何m/s²か。

(6) 物体が左向きに3.5m/sの初速度で進み，2.0s後の変位は，左向きに4.0mであった。加速度は，どちら向きに何m/s²か。

(7) 物体が左向きに2.0m/sの初速度で進み，8.0s後の変位は，右向きに64mであった。加速度は，どちら向きに何m/s²か。

(8) 物体が右向きに2.5m/sの初速度，左向きに1.0m/s²の加速度で運動した。変位が左向きに3.0mとなるのは何s後か。

(9) 物体が左向きに2.5m/sの初速度，右向きに5.0m/s²の加速度で運動した。変位が右向きに15mとなるのは何s後か。

(10) 物体が右向きに6.0m/sの初速度，左向きに2.0m/s²の加速度で運動した。変位が0となるのは何s後か。

7 等加速度直線運動③

学習日　月　日　学習時間　分　得点　/11

まとめ

等加速度直線運動の式　（時間 t を含まない式）

$v^2-v_0{}^2=2ax$

$v=v_0+at$，$x=v_0t+\frac{1}{2}at^2$ の2つの式から，t を消去して，$v^2-v_0{}^2=2ax$ が導かれる。

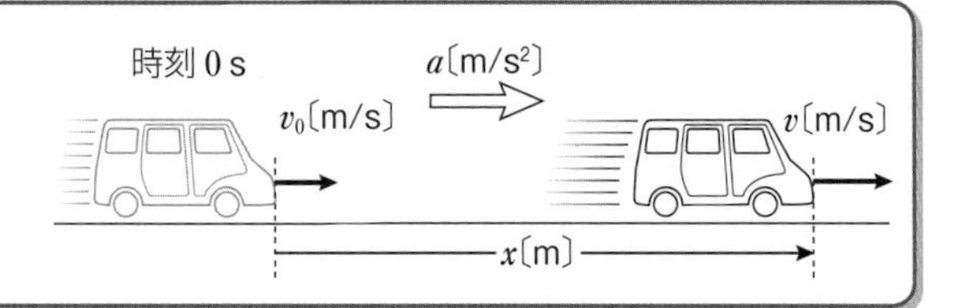

1 等加速度直線運動　次の等加速度直線運動をする物体について，以下の各問に答えよ。

例題

静止している物体が運動を始め，右向きに12m移動したとき，速度は右向きに6.0m/sになった。加速度はどちら向きに何m/s²か。

解　右向きを正とすると，$v=6.0$m/s，$v_0=0$m/s，$x=12$m であり，「$v^2-v_0{}^2=2ax$」から，

$6.0^2-0^2=2\times a\times 12$　　$a=1.5$m/s²

右向きに 1.5m/s²

(1)　静止している物体が，右向きに8.0m移動したとき，速度が右向きに4.0m/sになった。加速度はどちら向きに何m/s²か。

(2)　物体が右向きに1.0m/sの初速度で運動を始め，右向きに5.0m移動したとき，速度が右向きに3.0m/sになった。加速度はどちら向きに何m/s²か。

(3)　物体が右向きに3.0m/sの初速度，右向きに2.0m/s²の加速度で運動を始め，右向きに速さ5.0m/sになった。このとき，変位はどちら向きに何mか。

(4)　物体が右向きに3.0m/sの初速度で運動を始め，右向きに9.0m移動したとき，速度が0になった。加速度はどちら向きに何m/s²か。

(5)　物体が右向きに2.0m/sの初速度で運動を始め，左向きに7.0m移動したとき，速度が左向きに5.0m/sになった。加速度はどちら向きに何m/s²か。

(6)　物体が右向きに3.0m/sの初速度，左向きに2.0m/s²の加速度で運動を始め，左向きに4.0m移動した。このとき，速度はどちら向きに何m/sか。

(7)　物体が右向きに4.0m/sの初速度，左向きに2.5m/s²の加速度で運動を始め，左向きに速さ2.0m/sになった。このとき，変位はどちら向きに何mか。

まとめ

等加速度直線運動のグラフ

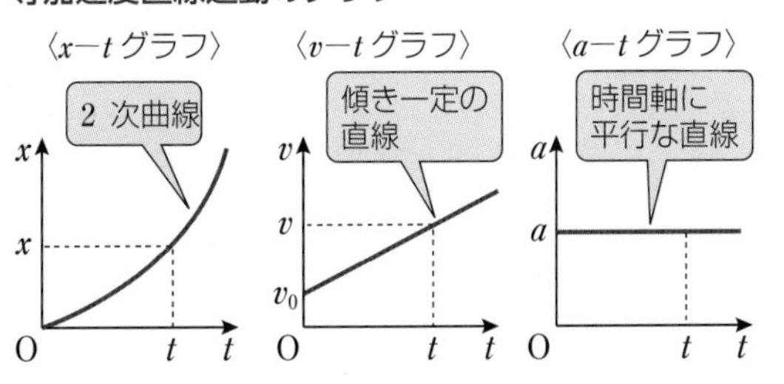

等加速度直線運動($a<0$)の $v-t$ グラフについて

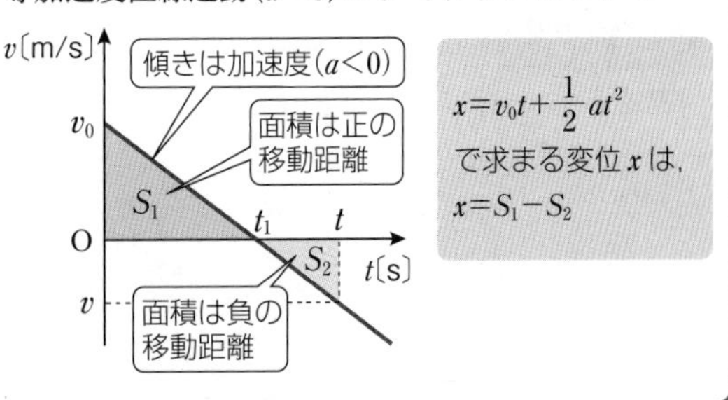

2 $v-t$ グラフ 次の $v-t$ グラフで示される等加速度直線運動をする物体について，以下の各問に答えよ。

例題

物体の加速度は何 m/s² か。また，時刻 0〜4.0s 間での変位は何 m か。

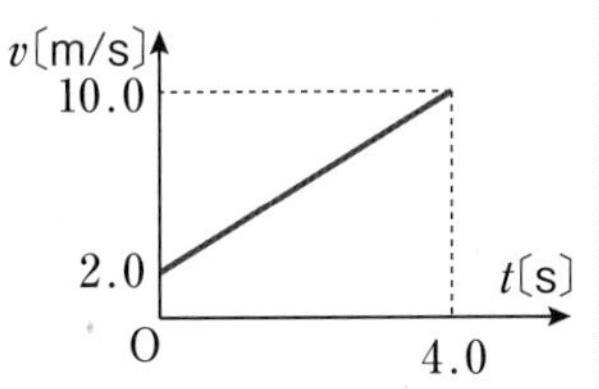

解 加速度は $v-t$ グラフの傾きに相当する。

$$a=\frac{v-v_0}{t}=\frac{10.0-2.0}{4.0}=2.0\,\text{m/s}^2$$

変位は $v-t$ グラフと時間軸で囲まれた部分の面積に相当する。

$x=(2.0+10.0)\times4.0\div2=24\,\text{m}$

(1) 物体の加速度は何 m/s² か。また，時刻 0〜5.0s 間での変位は何 m か。

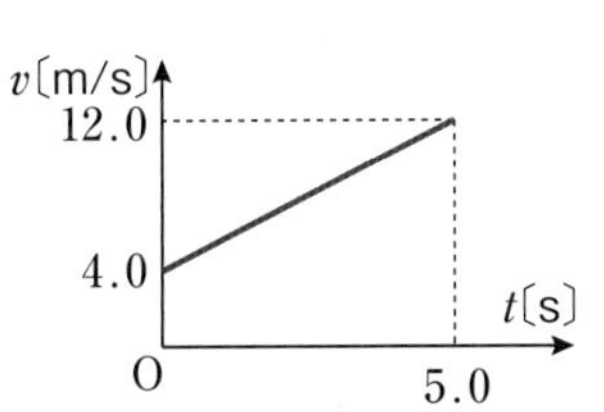

加速度：＿＿＿＿ 変位：＿＿＿＿

(2) 物体の加速度は何 m/s² か。また，時刻 0〜12s 間での変位は何 m か。

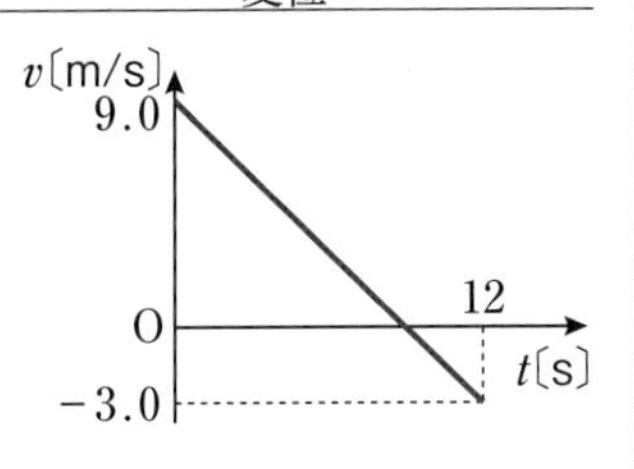

加速度：＿＿＿＿ 変位：＿＿＿＿

3 $v-t$ グラフ，$x-t$ グラフ 次の等加速度直線運動をする物体の 0〜4.0s 間の $v-t$ グラフ，$x-t$ グラフをそれぞれ描け。

例題

物体が正の向きに 2.0m/s の初速度で運動を始め，正の向きに 2.0m/s² の加速度で移動した。

解 $v=v_0+at$
$=2.0+2.0t$

$x=v_0t+\frac{1}{2}at^2$
$=2.0t+1.0t^2$

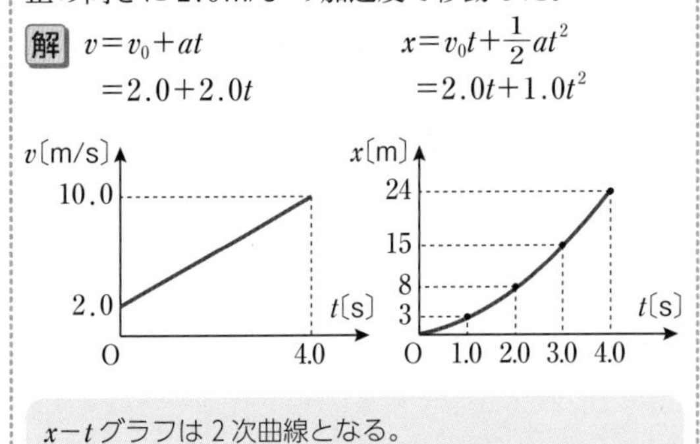

(1) 物体が正の向きに 1.0m/s の初速度で運動を始め，正の向きに 2.0m/s² の加速度で移動した。

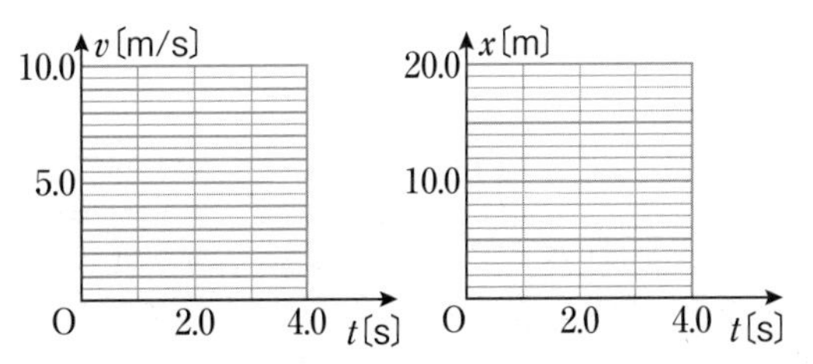

(2) 物体が正の向きに 4.0m/s の初速度で運動を始め，負の向きに 2.0m/s² の加速度で移動した。

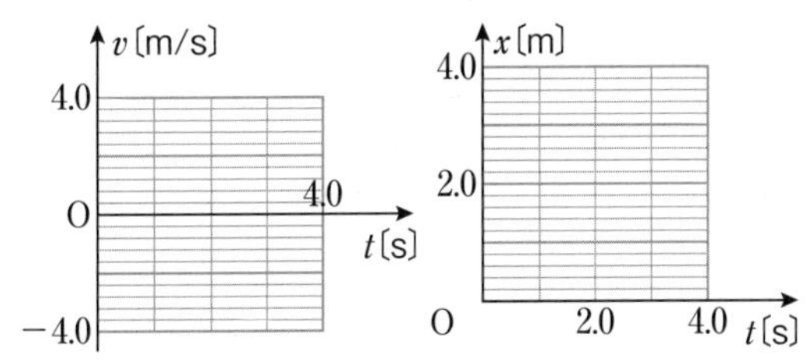

8 自由落下と鉛直投射

学習日　月　日　学習時間　分　得点　/20

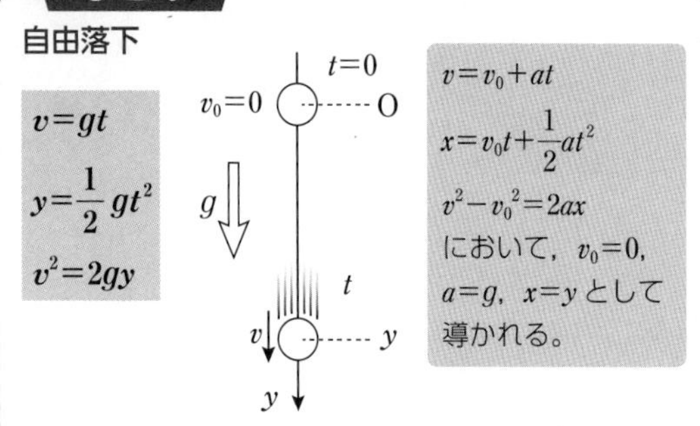

まとめ

鉛直投げおろし

$v=v_0+gt$

$y=v_0t+\frac{1}{2}gt^2$

$v^2-v_0^2=2gy$

$t=0$, v_0, O, g, t, v, y, y

$v=v_0+at$

$x=v_0t+\frac{1}{2}at^2$

$v^2-v_0^2=2ax$

において，$a=g$，$x=y$として導かれる。

※以下の問では，重力加速度の大きさを9.8m/s^{2}とし，空気抵抗は無視する。

1 自由落下　次の各問に答えよ。

例題

自由落下を始めた小球の，1.5s後の速さは何m/sか。

解 $g=9.8\text{m/s}^2$，$t=1.5\text{s}$であり，「$v=gt$」から，
$v=9.8\times1.5=14.7\text{m/s}$　　15m/s

(1)　自由落下を始めた小球の，3.0s後の速さは何m/sか。

____

(2)　ビルの屋上から小球を静かにはなすと，2.0s後に地面に落下した。ビルの高さは何mか。

____

(3)　高さ44.1mのビルの屋上から，小球を静かにはなした。地面に達するまでにかかる時間は何sか。

____

(4)　ビルの屋上から小球を静かにはなすと，9.8m/sの速さで地面に落下した。ビルの高さは何mか。

____

2 鉛直投げおろし　次の各問に答えよ。

(1)　小球を鉛直下向きに速さ5.6m/sで投げおろした。3.0s後の小球の速さは何m/sか。

____

(2)　鉛直下向きに投げおろした小球の，2.0s後の速さは29.4m/sであった。投げおろしたときの速さは何m/sか。

____

(3)　小球を鉛直下向きに速さ2.9m/sで投げおろした。4.0s後の小球の落下距離は何mか。

____

(4)　地面から高さ9.8mの位置で，小球を鉛直下向きに速さ4.9m/sで投げおろした。地面に落下する直前の速さは何m/sか。

____

(5)　ビルの屋上から，小球を鉛直下向きに速さ9.8m/sで投げおろすと，29.4m/sの速さで地面に落下した。ビルの高さは何mか。

____

まとめ

鉛直投げ上げ

$v=v_0-gt$

$y=v_0t-\frac{1}{2}gt^2$

$v^2-v_0^2$
$=-2gy$

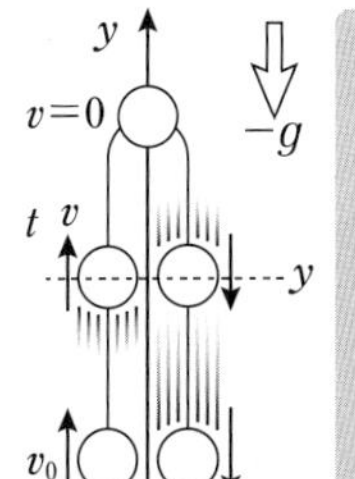

$v=v_0+at$

$x=v_0t+\frac{1}{2}at^2$

$v^2-v_0^2=2ax$

において，

$a=-g$，$x=y$

として導かれる。

3 鉛直投げ上げ 地面から，鉛直上向きに速さ 19.6m/s で投げ上げた小球について，次の各問に答えよ。

例題

投げ上げてから，1.0s 後の小球の速さは何 m/s か。

解 「$v=v_0-gt$」を用いる。$v_0=19.6$m/s，$g=9.8$m/s^2，$t=1.0$s であり，

$v=v_0-gt=19.6-9.8\times1.0=$**9.8m/s**

鉛直上向きを正とすると，この運動の加速度は負となる。

(1) 投げ上げてから，0.50s 後の速さは何 m/s か。

(2) 投げ上げてから，最高点に達するまでの時間は何 s か。

(3) 最高点の地面からの高さは何 m か。

(4) 投げ上げてから，地面に落下するまでの時間は何 s か。

4 鉛直投げ上げ 地上 34.3m のビルの屋上から，鉛直上向きに速さ 29.4m/s で投げ上げた小球について，次の各問に答えよ。

(1) 投げ上げてから，1.0s 後の速さは何 m/s か。

(2) 1.0s 後の地面からの高さは何 m か。

(3) 投げ上げてから，最高点に達するまでの時間は何 s か。

(4) 最高点の地面からの高さは何 m か。

(5) 投げ上げた地点に再び戻るまでの時間は何 s か。

(6) 投げ上げてから，地面に落下するまでの時間は何 s か。

(7) 地面に落下する直前の速さは何 m/s か。

9 水平投射と斜方投射 発展

学習日　　月　　日　学習時間　　分　得点　　/12

まとめ

水平投射

〈水平方向〉
$v_x = v_0$　　$x = v_0 t$
〈鉛直方向〉
$v_y = gt$　　$y = \frac{1}{2}gt^2$

水平方向には，速さ v_0〔m/s〕で等速直線運動をしている。

鉛直方向には，自由落下と同じ運動をしている。

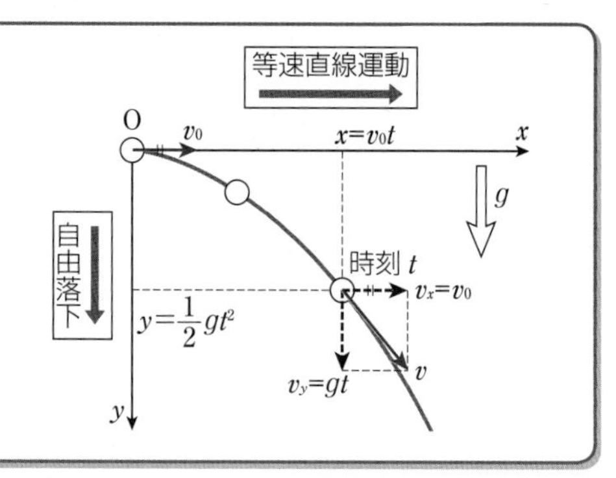

※以下の問では，重力加速度の大きさを 9.8m/s² とし，空気抵抗は無視する。

1 水平投射　ある高さのビルから，小球を水平右向きに速さ 5.0m/s で投げ出した。投げ出した位置を原点，そのときの時刻を t=0s とし，水平右向きに x 軸，鉛直下向きに y 軸をとる。

(1)　小球の位置を示す以下の表を完成させよ。

t〔s〕	0	1.0	2.0	3.0	4.0
x〔m〕	0	5.0		15	20
y〔m〕	0	4.9		44	78

(2)　表の結果をもとに，以下のグラフに各時刻における小球の位置(x，y)を点で示した後，その各点を実線でつなぎ，小球の軌道を表すグラフを描け。

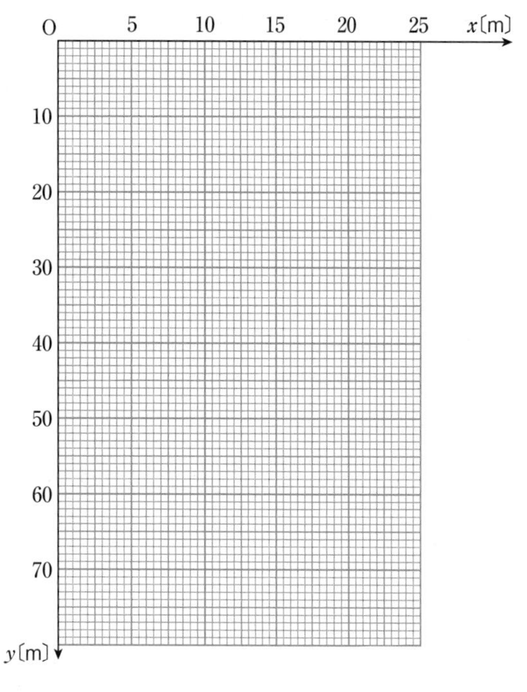

2 水平投射　地面から高さ 44.1m の地点で，小球を水平方向に速さ 15m/s で投げ出した。次の各問に答えよ。

(1)　投げ出してから，地面に落下するまでの時間は何 s か。

(2)　小球が地面に落下する直前の鉛直方向の速さは何 m/s か。

(3)　小球が地面に達するまでに進む水平距離は何 m か。

(4)　同じ位置から，小球を水平方向に速さ 30m/s で投げ出した場合，小球が地面に達するまでに進む水平距離は何 m か。

まとめ

斜方投射

〈水平方向〉

$v_x = v_{0x}$

$x = v_{0x}t$

〈鉛直方向〉

$v_y = v_{0y} - gt$

$y = v_{0y}t - \frac{1}{2}gt^2$

水平方向には，速さ v_{0x}〔m/s〕で等速直線運動をしている。

鉛直方向には，鉛直投げ上げと同じ運動をしている。

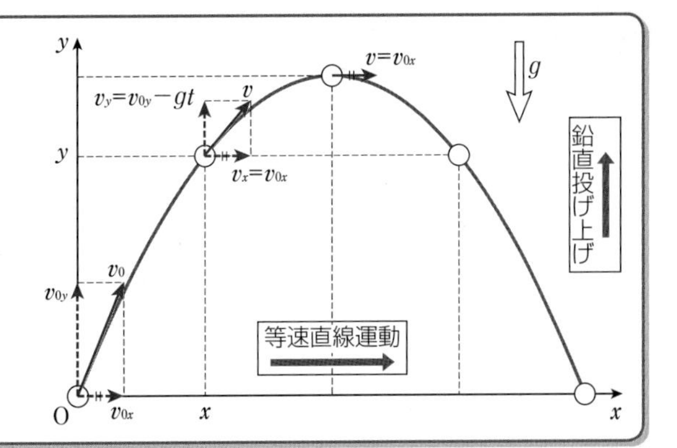

3 斜方投射　水平な地面上で，小球を斜め上方に投射した。投射した位置を原点，そのときの時刻を $t=0$s とし，水平右向きに x 軸，鉛直上向きに y 軸をとる。初速度の鉛直成分を 9.8m/s，水平成分を 10m/s として，次の各問に答えよ。

(1)　小球の位置を示す以下の表を完成させよ。

t〔s〕	0	0.40	1.0	1.6	2.0
x〔m〕	0	4.0		16	20
y〔m〕	0	3.1		3.1	0

(2)　表の結果をもとに，以下のグラフに各時刻における小球の位置(x, y)を点で示した後，その各点を実線でつなぎ，小球の軌道を表すグラフを描け。

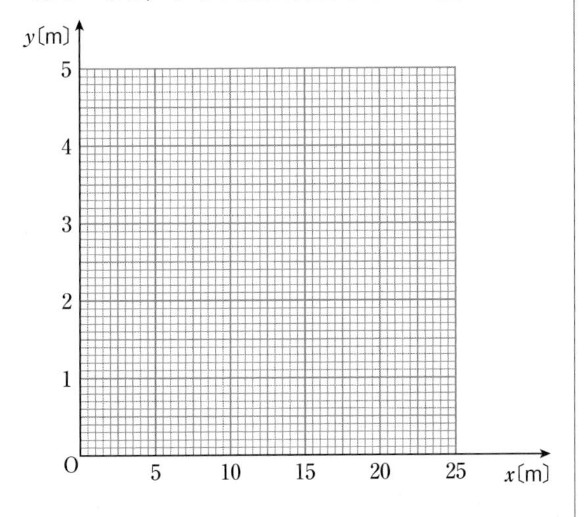

4 斜方投射　水平な地面上で，小球を斜め上方に投射した。このとき，初速度の鉛直成分が 29.4m/s，水平成分が 15m/s であった。次の各問に答えよ。

(1)　投げ上げてから，最高点に達するまでの時間は何 s か。

(2)　最高点の地面からの高さは何 m か。

(3)　投げ上げてから，地面に落下するまでの時間は何 s か。

(4)　小球が地面に達するまでに進む水平距離は何 m か。

10 力の表し方

学習日　月　日　学習時間　分　得点　/26

まとめ

力の表し方
作用点から力の向きに，力の大きさに比例した長さの矢印を描く。

作用点　作用線

重力
地球上のすべての物体にはたらく鉛直下向きの力。

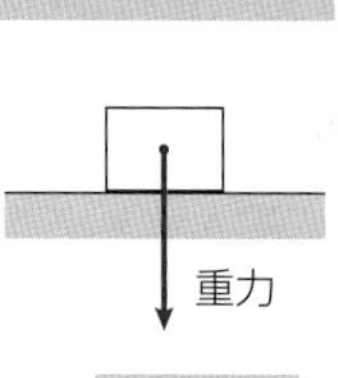

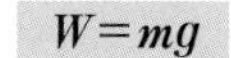

$W=mg$

（重力〔N〕＝質量〔kg〕×重力加速度〔m/s^2〕）

糸の張力
糸が物体を引く力。

糸の張力

垂直抗力
面から物体に垂直にはたらく力。

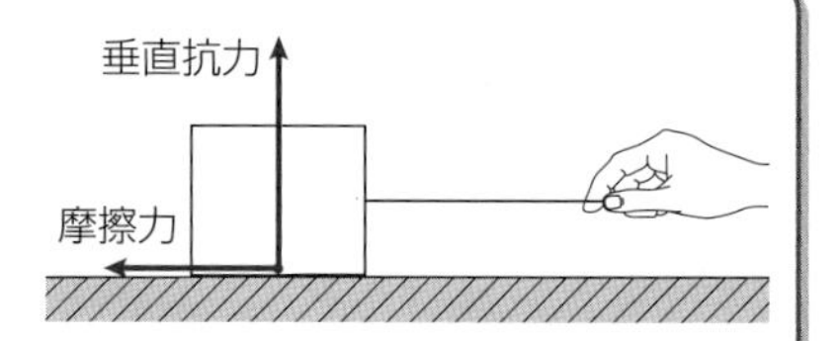

摩擦力
面と平行な方向にはたらき，物体の運動を妨げようとする力。

弾性力
ばねが自然の長さに戻ろうとして，物体におよぼす力。

ばねの弾性力

$F=kx$

（弾性力〔N〕＝ばね定数〔N/m〕×伸び（縮み）〔m〕）

1 力の表し方

1Nの力の長さを1cmとして，物体にはたらく次の力を図示せよ。

例題
1.5Nの重力
解 物体の中心から鉛直下向きに1.5cmの矢印を描く。

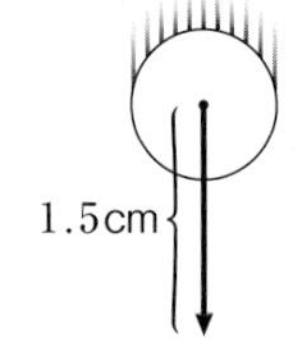

(1) 2.0Nの重力

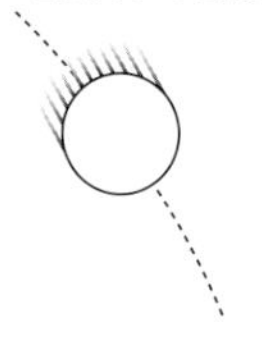

(2) 1.2Nの糸の張力

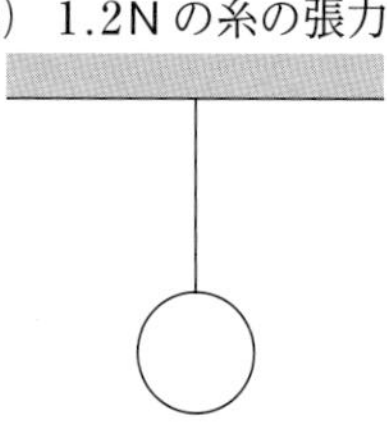

(3) 1.0Nの重力

(4) 1.0Nの垂直抗力

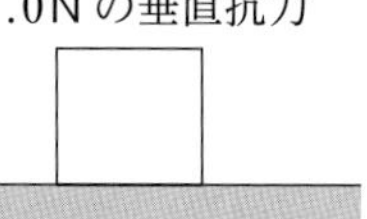

(5) 1.5Nの重力

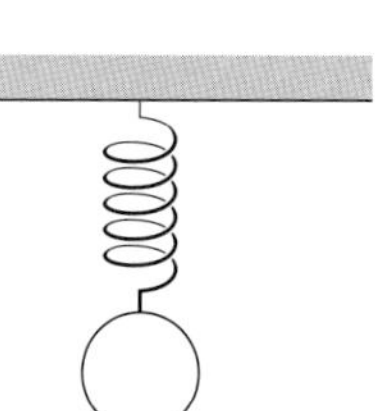

(6) 1.5Nのばねの弾性力

(7) 1.7Nの糸の張力

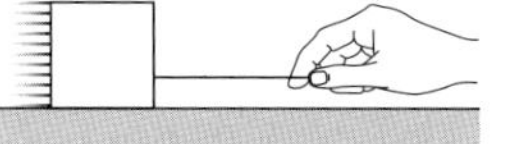

(8) 1.0Nの垂直抗力

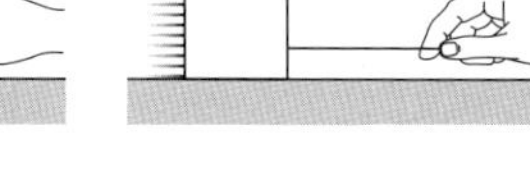

(9) 1.3Nの糸の張力

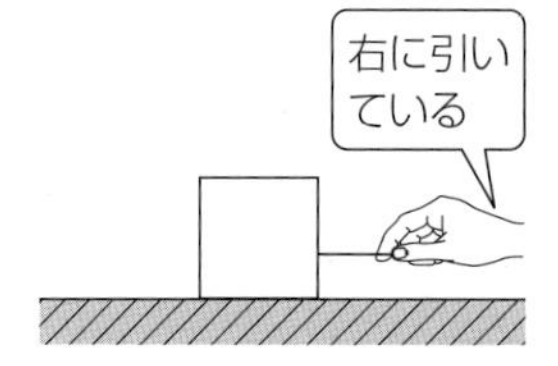

(10) 1.3Nの摩擦力

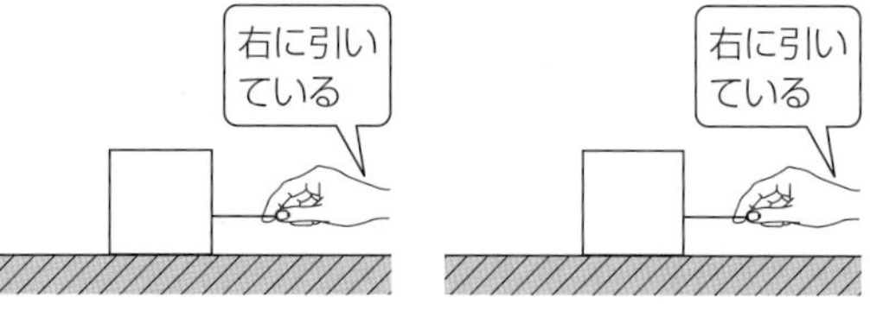

(11) 物体Aが物体Bを1.2Nで押す力

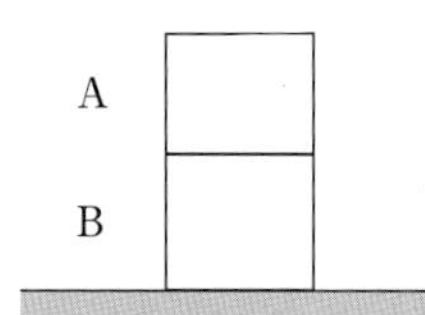

(12) 物体Bが物体Aを1.2Nで押す力

A
B

(13) 1.8Nの垂直抗力

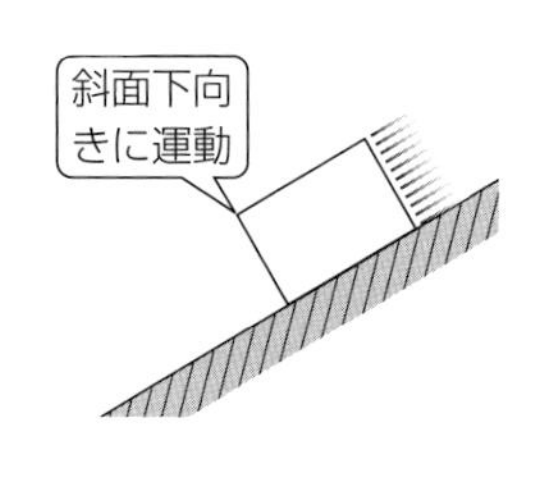

(14) 1.2Nの摩擦力

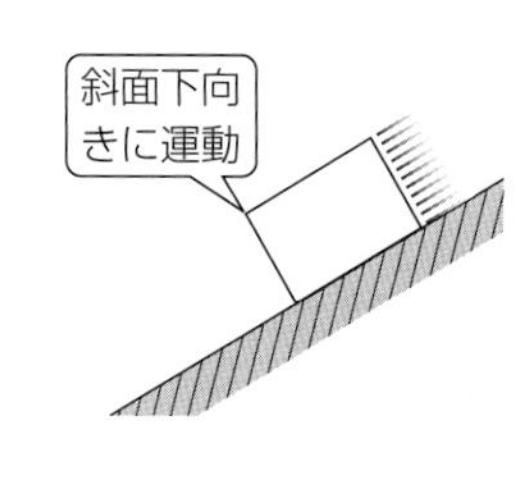

2 質量と重力　重力加速度の大きさを 9.8m/s² として，次の各問に答えよ。

例題

質量 2.0kg の物体にはたらく重力の大きさは何 N か。

解「$W=mg$」から，$m=2.0$kg，$g=9.8$m/s² であり，

$W=mg=2.0\times9.8=19.6$N　　20N

(1) 質量 3.0kg の物体にはたらく重力の大きさは何 N か。

(2) 質量 5.0×10^2kg の物体にはたらく重力の大きさは何 N か。

(3) 質量 9.0kg の物体の重さは何 N か。

(4) 大きさ 147N の重力がはたらく物体の質量は何 kg か。

(5) 重さ 4.9×10^2N の物体の質量は何 kg か。

(6) 重さ 24.5N の物体の質量は何 kg か。

3 ばねの弾性力　次の各問に答えよ。

例題

ばね定数 20N/m のばねを手で引くと，0.30m 伸びた。このとき，ばねから手にはたらく力の大きさは何 N か。

解「$F=kx$」から，$k=20$N/m，$x=0.30$m であり，

$F=kx=20\times0.30=6.0$N

(1) ばね定数 8.0N/m のばねを手で引くと，0.25m 伸びた。このとき，ばねから手にはたらく力の大きさは何 N か。

(2) ばね定数 14N/m のばねを手で押すと，0.50m 縮んだ。このとき，ばねから手にはたらく力の大きさは何 N か。

(3) ばねを 4.5N の力で引くと，0.15m 伸びた。ばねのばね定数は何 N/m か。

(4) ばねを 4.2N の力で押すと，0.35m 縮んだ。ばねのばね定数は何 N/m か。

(5) ばね定数 14N/m のばねを 3.5N の力で引くとき，ばねの伸びは何 m か。

(6) ばね定数 18N/m のばねを 11.7N の力で押すとき，ばねの縮みは何 m か。

11 力の合成・分解と成分

月　日

学習時間　分

/22

まとめ

力の合成
合力は，2つの力を2辺とする平行四辺形の対角線として求められる(**平行四辺形の法則**)。力を平行移動させ，三角形による方法もある。

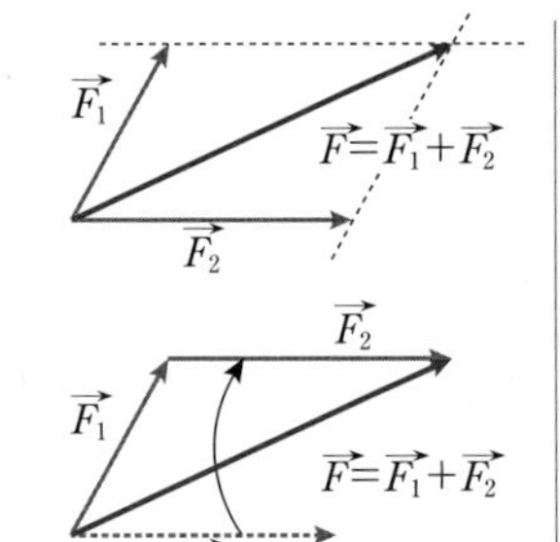

力の分解
分力は平行四辺形の法則を用いて求められる。

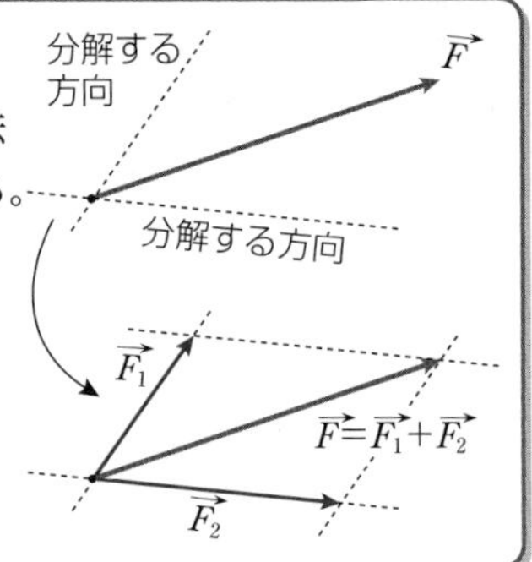

1 力の合成　次の物体にはたらいている2つの力の合力を示せ。

例題
異なる向きの2力
解 平行四辺形の法則を用いて，合力を求める。

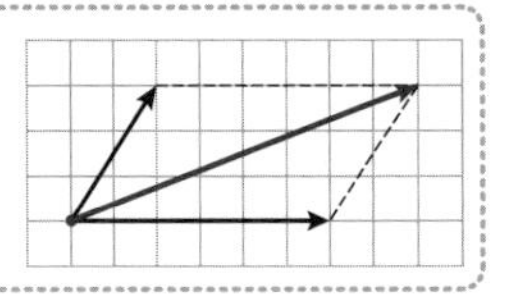

(1)

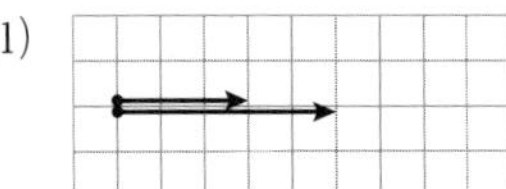

(2)

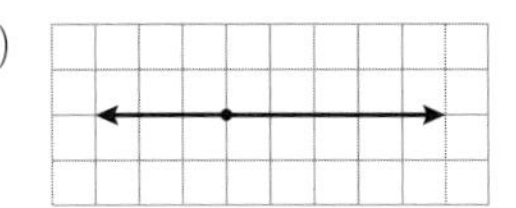

(3)

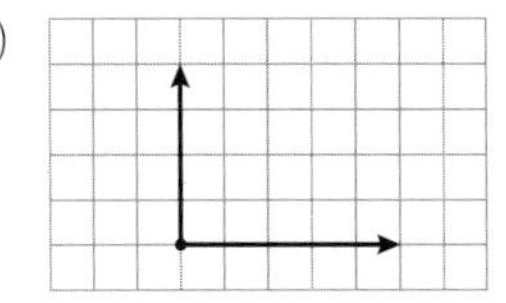

(4)

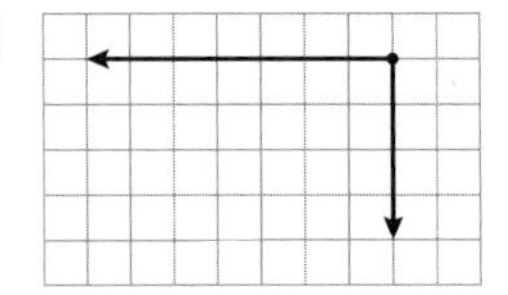

(5)

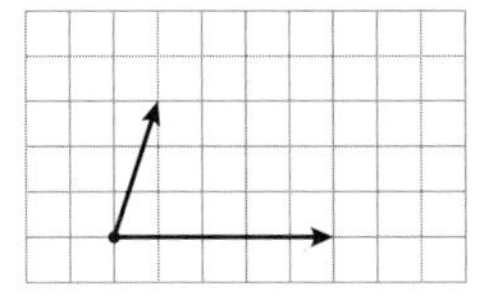

(6)

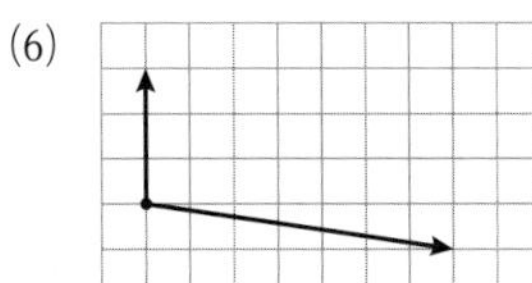

(7)

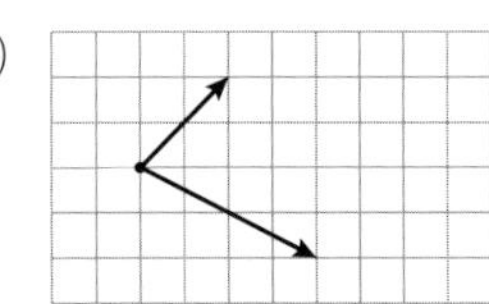

(8)

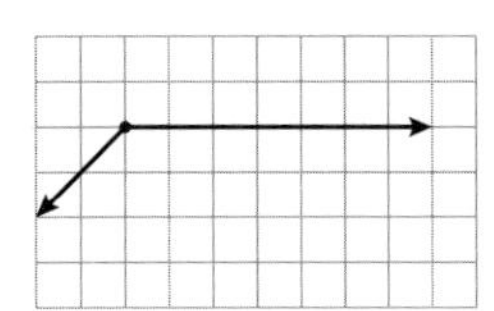

(9)

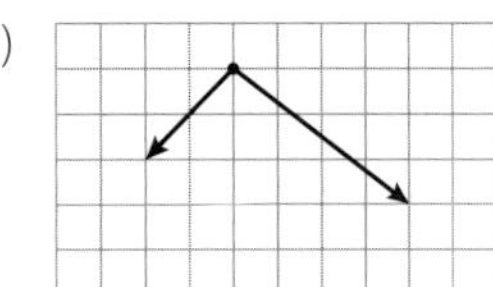

2 力の分解　次の物体にはたらいている力を，破線の２つの方向に分解し，分力を示せ。

例題

垂直な２方向の分解

解 力の先端に分解する方向の破線を引き，それぞれの交点が分力となる。

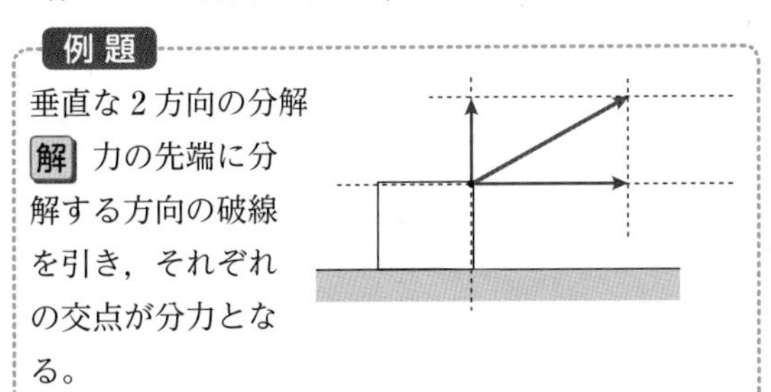

(1)　(2)

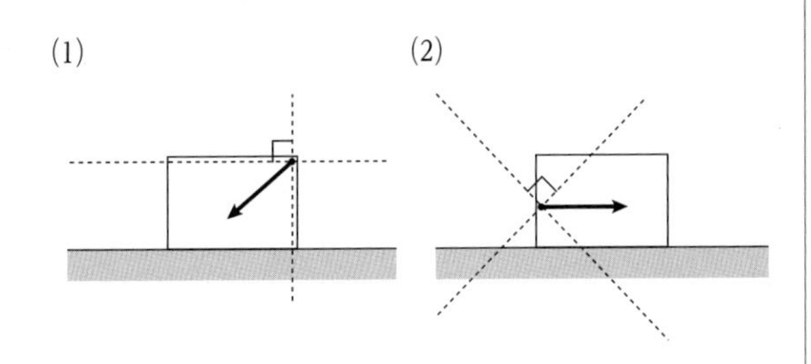

(3)　(4)

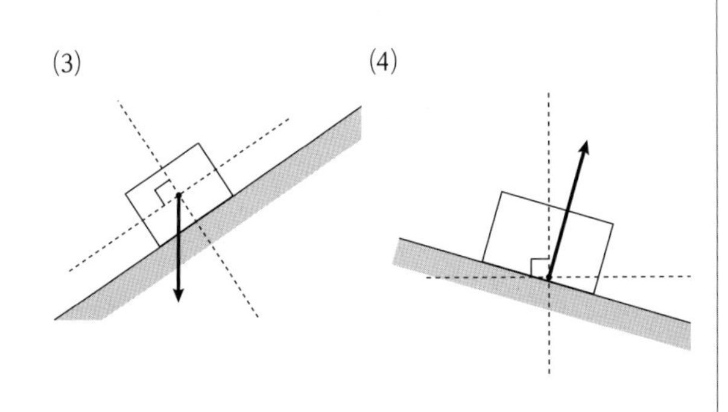

(5)　(6)

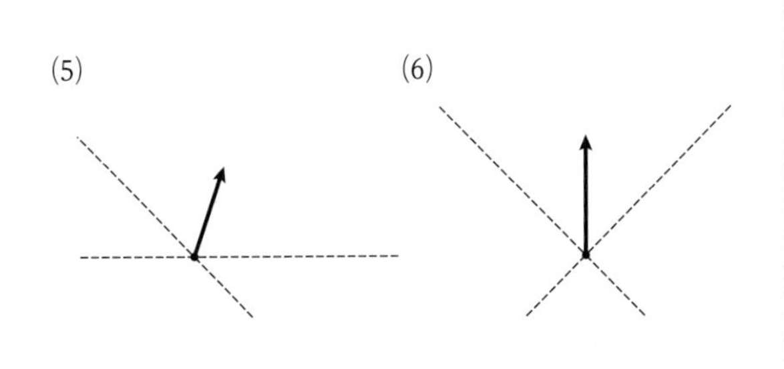

(7)　(8)

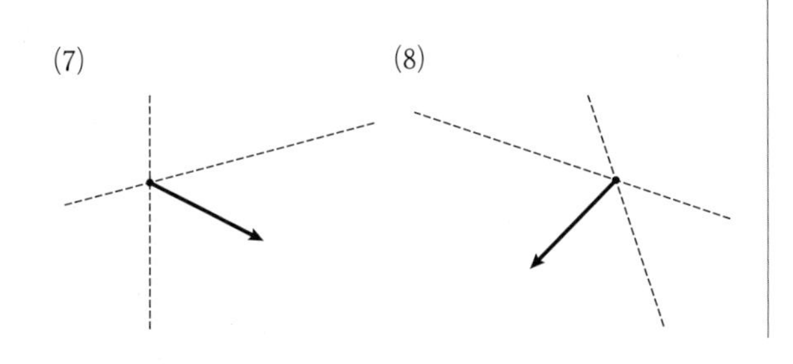

まとめ

力の成分

分力の大きさに向きを示す正，負の符号を付けて表される。

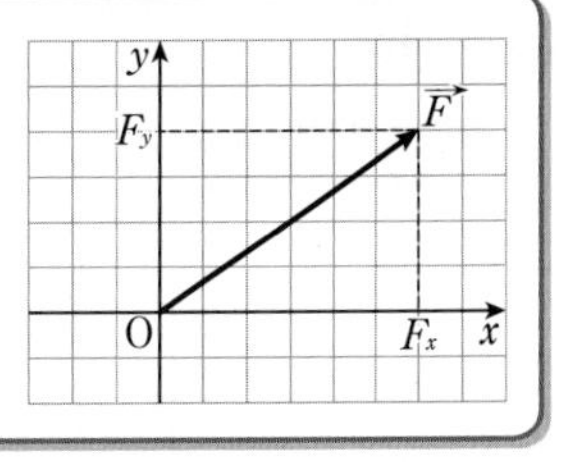

3 力の成分　次の力の x 成分 F_x，y 成分 F_y を求めよ。ただし，図の１目盛りを１N とする。

(1)

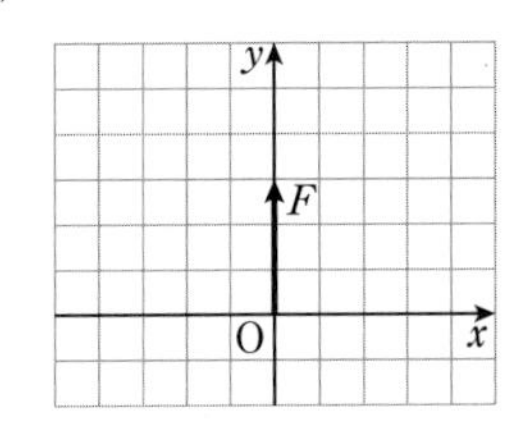

F_x＝〔　　　〕N

F_y＝〔　　　〕N

(2)

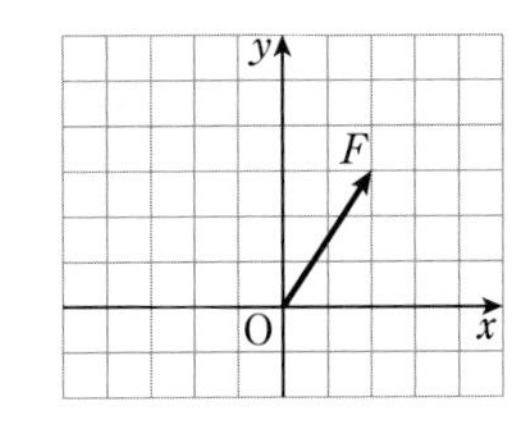

F_x＝〔　　　〕N

F_y＝〔　　　〕N

(3)

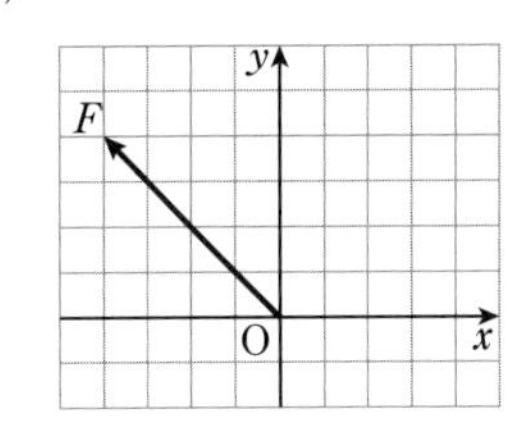

F_x＝〔　　　〕N

F_y＝〔　　　〕N

(4)

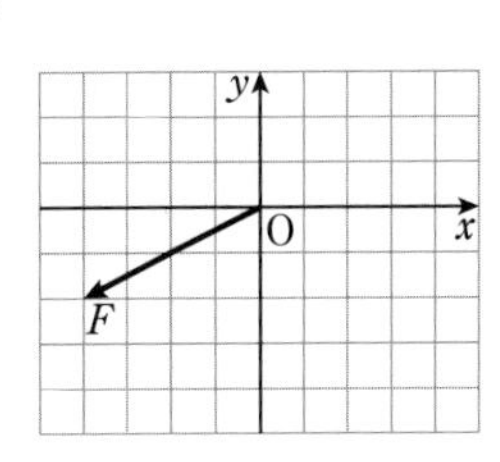

F_x＝〔　　　〕N

F_y＝〔　　　〕N

(5)

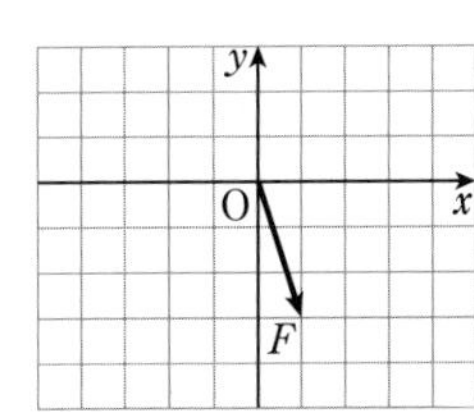

F_x＝〔　　　〕N

F_y＝〔　　　〕N

12 三角比と力の成分

学習日　月　日　学習時間　分　得点 /22

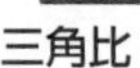

三角比

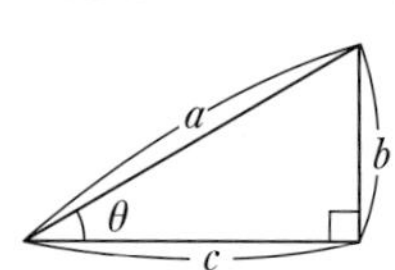

$\sin\theta=\frac{b}{a}$ → $b=a\sin\theta$

$\cos\theta=\frac{c}{a}$ → $c=a\cos\theta$

$\tan\theta=\frac{b}{c}$ → $b=c\tan\theta$

物理では，$\theta=30°$，$45°$，$60°$となる三角形を用いることが多い。

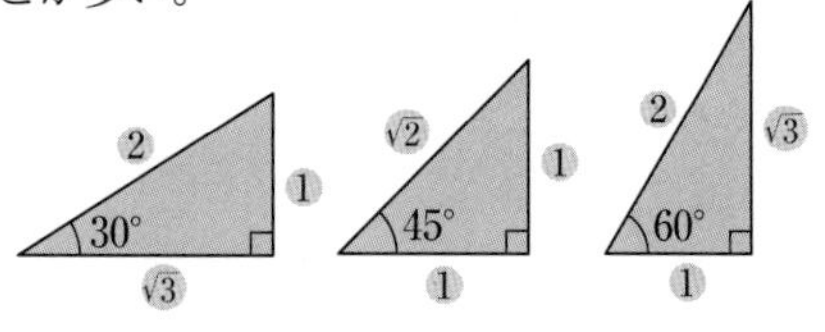

1 三角比　次の三角形の $\sin\theta$，$\cos\theta$，$\tan\theta$ の各値を求めよ。ただし，答えは分数，または√（ルート）の形で示してよい。

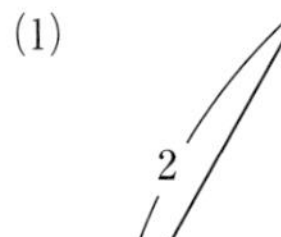

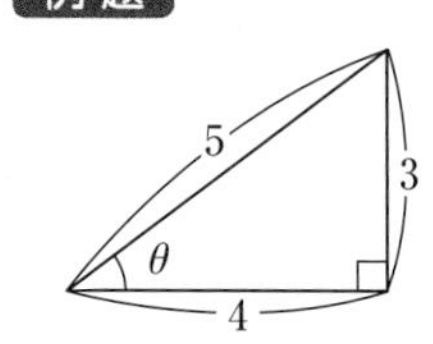

解　$\sin\theta=\frac{3}{5}$

$\cos\theta=\frac{4}{5}$

$\tan\theta=\frac{3}{4}$

(1)

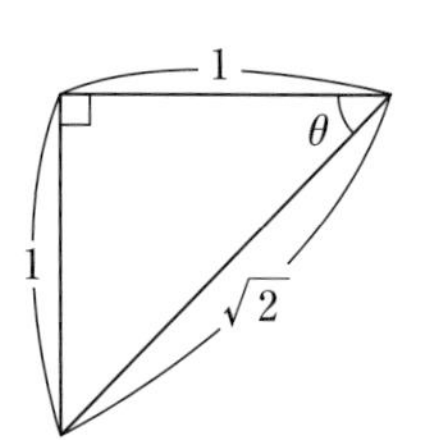

$\sin\theta=$〔　　〕

$\cos\theta=$〔　　〕

$\tan\theta=$〔　　〕

(2)

$\sin\theta=$〔　　〕

$\cos\theta=$〔　　〕

$\tan\theta=$〔　　〕

(3)

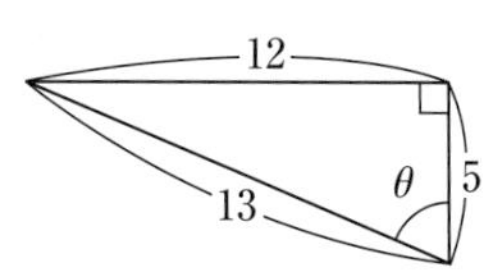

$\sin\theta=$〔　　〕

$\cos\theta=$〔　　〕

$\tan\theta=$〔　　〕

(4)

$\sin\theta=$〔　　〕

$\cos\theta=$〔　　〕

$\tan\theta=$〔　　〕

2 三角比　次の値を求めよ。ただし，答えは分数，または√（ルート）の形で示してよい。

(1)　$\sin 30°$

(2)　$\cos 45°$

(3)　$\tan 60°$

(4)　$\sin 45°$

(5)　$\cos 60°$

(6)　$\sin 60°$

(7)　$\tan 30°$

(8)　$\cos 30°$

3 三角比　次の三角形の x の長さは何 cm か。ただし，答えは$\sqrt{\ }$(ルート)の形で示してよい。

例題

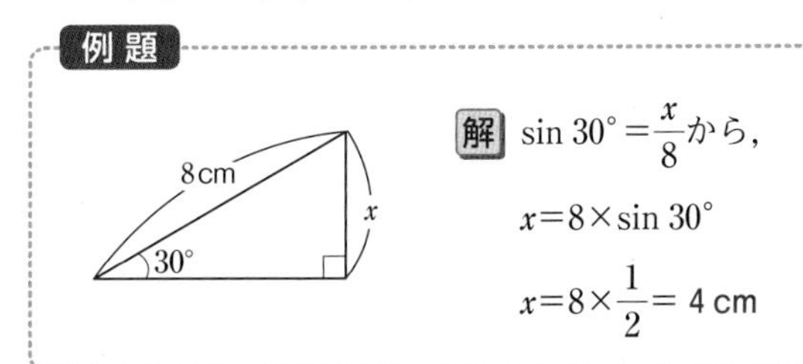

解　$\sin 30° = \frac{x}{8}$ から，

$x = 8 \times \sin 30°$

$x = 8 \times \frac{1}{2} = 4$ cm

(1)

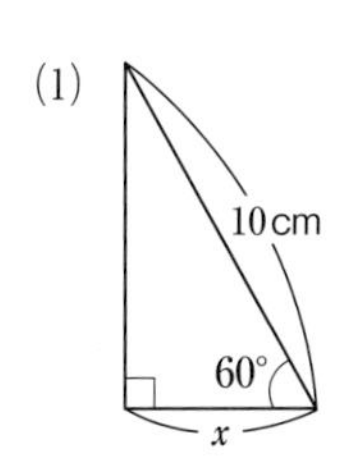

(2)

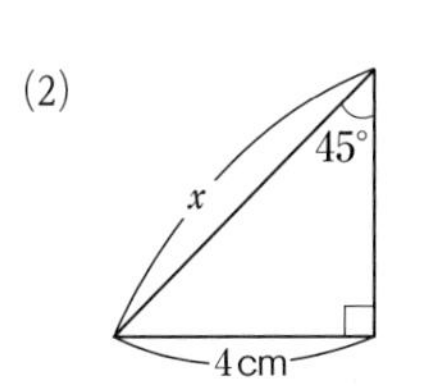

(3)

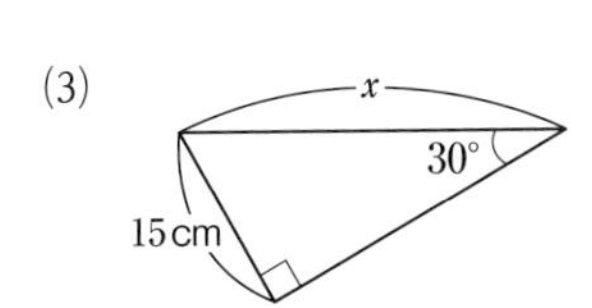

(4)

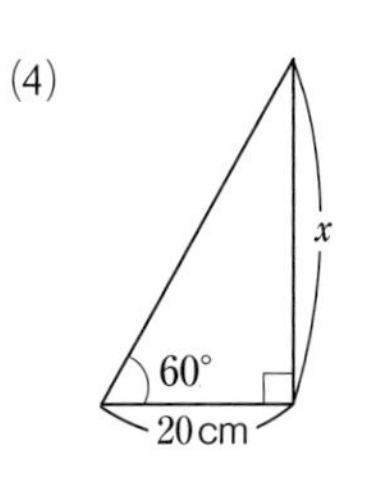

(5)

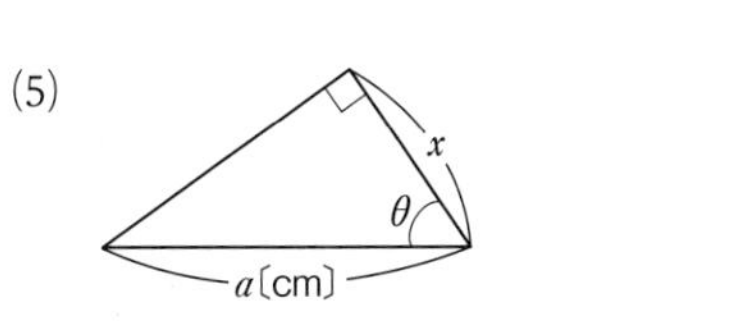

(6)

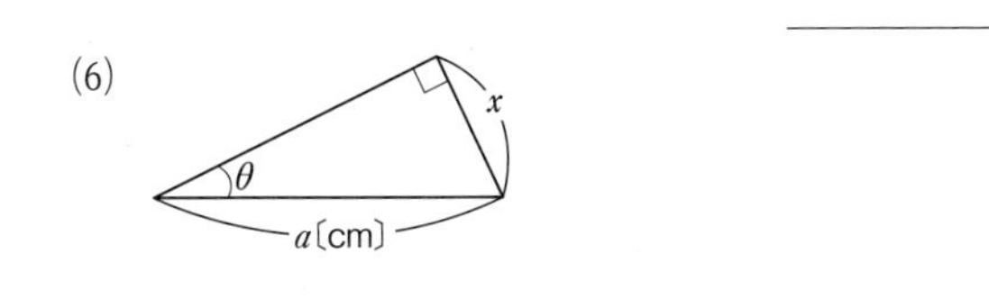

まとめ

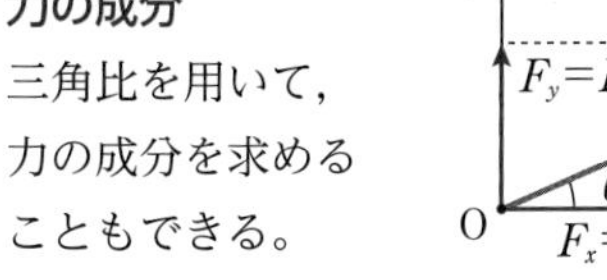

力の成分

三角比を用いて，力の成分を求めることもできる。

$F_y = F\sin\theta$, $\vec{F}$, θ, O, $F_x = F\cos\theta$, x, y

4 力の成分　次の力の x 成分 F_x，y 成分 F_y を求めよ。ただし，$\sqrt{2}=1.41$，$\sqrt{3}=1.73$ として計算せよ。

例題

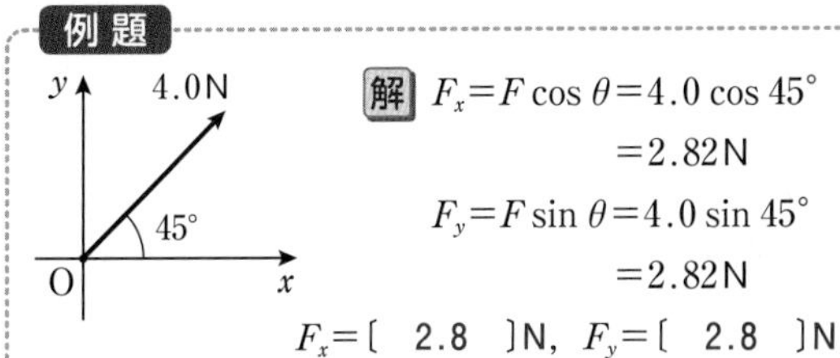

解　$F_x = F\cos\theta = 4.0\cos 45°$
$= 2.82$N

$F_y = F\sin\theta = 4.0\sin 45°$
$= 2.82$N

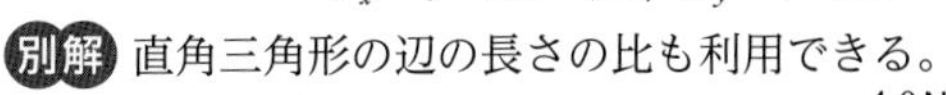

$F_x =$〔　2.8　〕N，$F_y =$〔　2.8　〕N

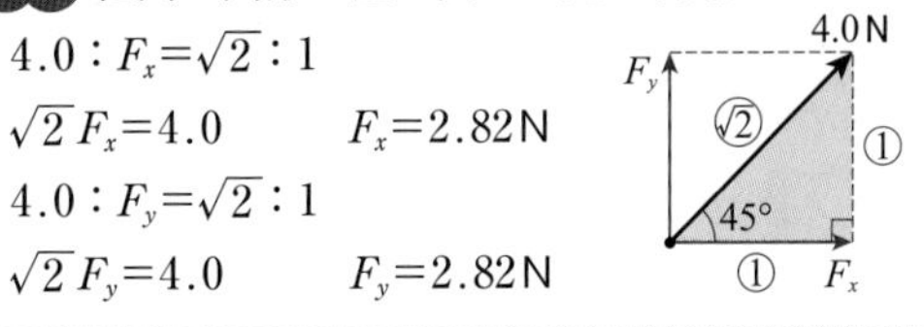

別解　直角三角形の辺の長さの比も利用できる。

$4.0 : F_x = \sqrt{2} : 1$

$\sqrt{2}F_x = 4.0$　　$F_x = 2.82$N

$4.0 : F_y = \sqrt{2} : 1$

$\sqrt{2}F_y = 4.0$　　$F_y = 2.82$N

(1)

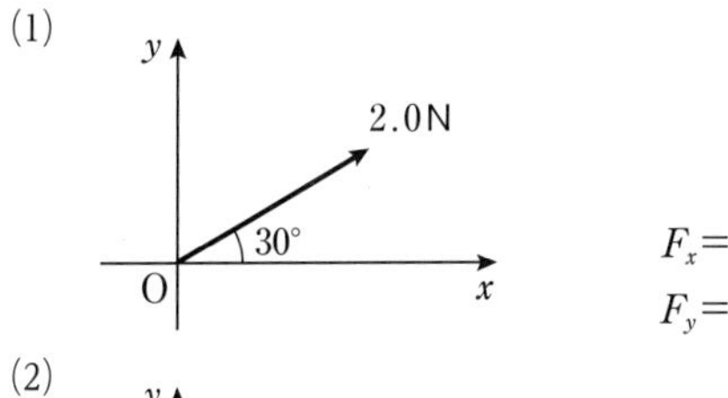

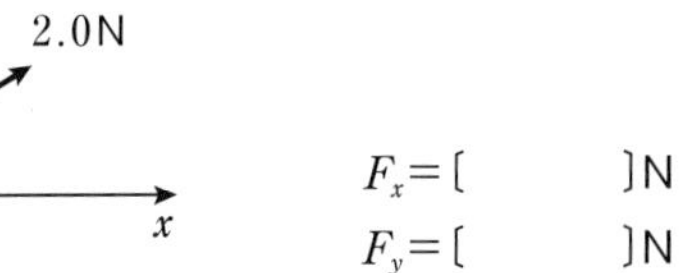

$F_x =$〔　　　〕N
$F_y =$〔　　　〕N

(2)

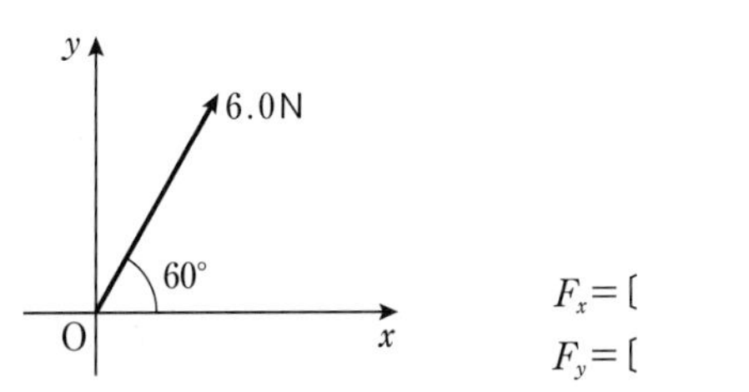

$F_x =$〔　　　〕N
$F_y =$〔　　　〕N

(3)

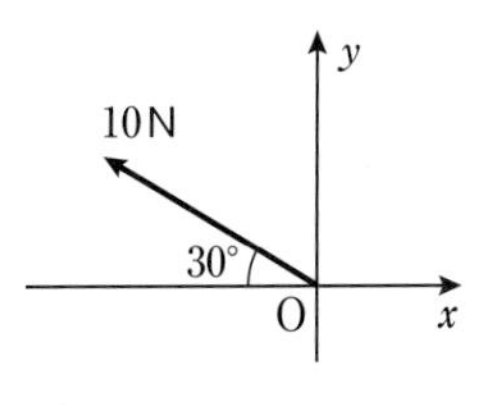

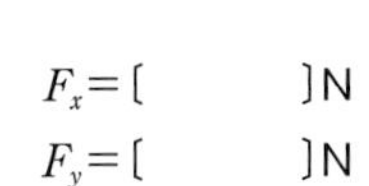

$F_x =$〔　　　〕N
$F_y =$〔　　　〕N

(4)

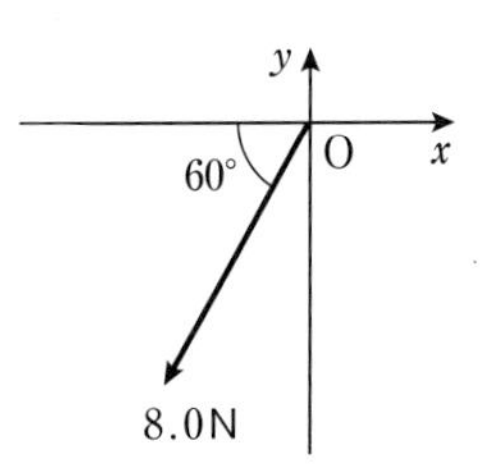

$F_x =$〔　　　〕N
$F_y =$〔　　　〕N

13 力のつりあい

学習日　月　日　学習時間　分　得点　/12

まとめ

力のつりあい

(a) 2つの力のつりあい

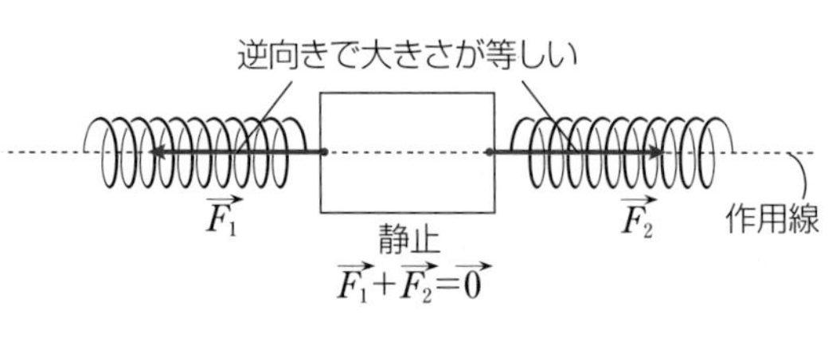

(b) 3つの力のつりあい

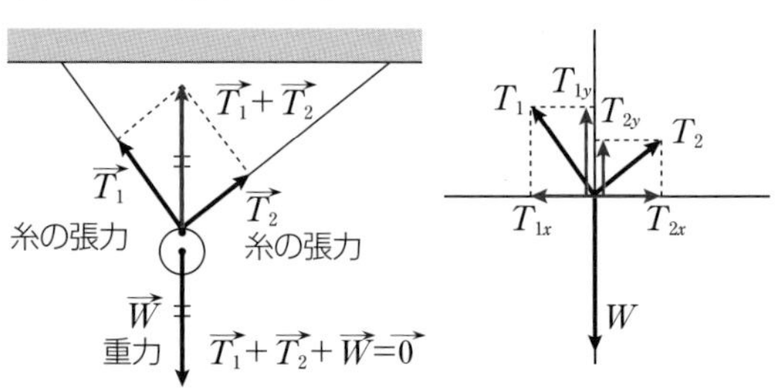

水平方向と鉛直方向に分けて示すと ⇨ 水平：$T_{1x}-T_{2x}=0$　鉛直：$T_{1y}+T_{2y}-W=0$

※以下の問では，重力加速度の大きさを 9.8m/s² とする。

1 力のつりあい 次の静止している物体について，以下の各問に答えよ。

例題

糸でつり下げられた質量2.0kgの物体に，糸からはたらく力の大きさは何Nか。

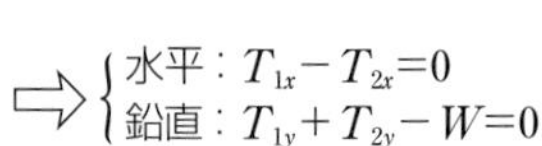

解 力のつりあいから，$T-mg=0$

$T=mg=2.0\times9.8=19.6\text{N}$　20N

(1) 糸でつり下げられている質量3.0kgの物体に，糸からはたらく力の大きさは何Nか。

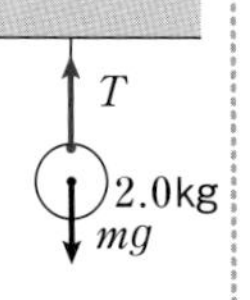

(2) ばねでつり下げられた質量7.5kgの物体に，ばねからはたらく力の大きさは何Nか。

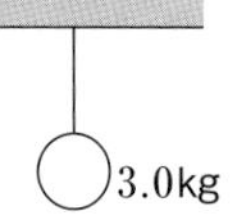

(3) 水平面上で静止している質量8.0kgの物体に，面からはたらく力の大きさは何Nか。

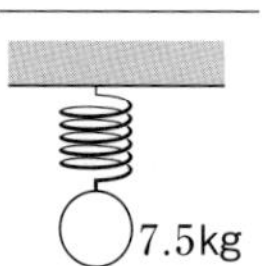

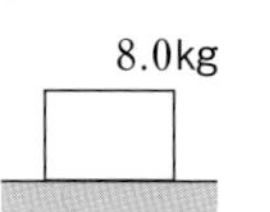

(4) 水平な面に置かれた質量4.0kgの物体に，糸で鉛直上向きに19.2Nの力を加えた。物体に面からはたらく力の大きさは何Nか。

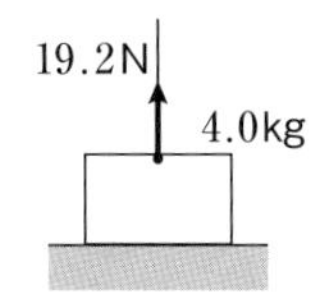

(5) 水平な面に置かれた質量2.0kgの物体に，手で鉛直下向きに5.4Nの力を加えた。物体に面からはたらく力の大きさは何Nか。

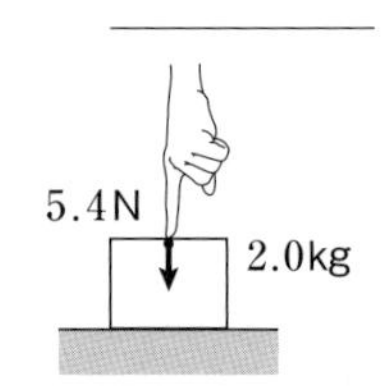

(6) 水平な面に置かれた質量5.0kgの物体に，ばねで鉛直上向きに力を加えた。物体に面からはたらく力の大きさが29Nのとき，ばねからはたらく力の大きさは何Nか。

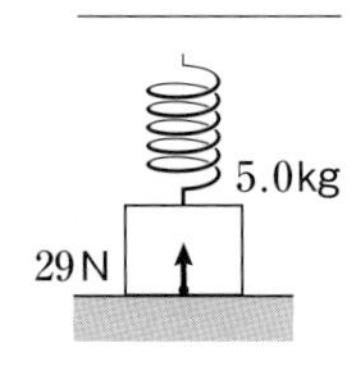

(7) 水平面上に置かれた質量2.0kgの物体が，ばねと糸に水平につながれている。糸が物体を2.5Nで引いて物体が静止しているとき，ばねの弾性力は何Nか。

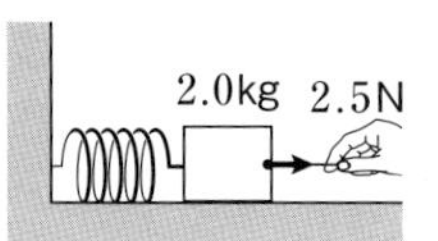

2 力のつりあい 次の静止している物体にはたらく力の大きさは何Nか。ただし，$\sqrt{2}=1.41$，$\sqrt{3}=1.73$ として計算せよ。

例題

糸A，Bのそれぞれからはたらく張力

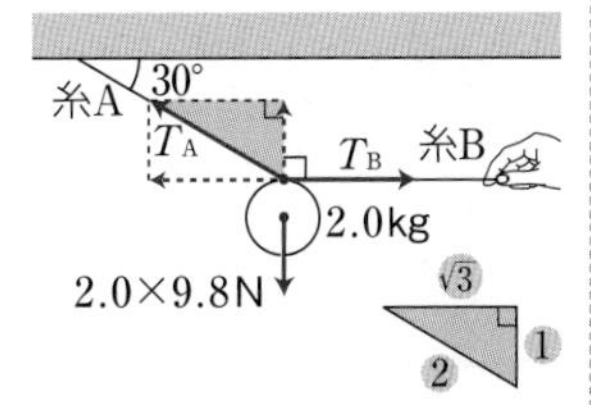

解 糸A，Bの張力の合力と，重力がつりあっている。直角三角形の辺の長さの比から，

$T_A : 2.0\times9.8 = 2 : 1$

したがって，

$T_A = 39.2\,\text{N}$　　$T_A = 39\,\text{N}$

また，　$T_B : 2.0\times9.8 = \sqrt{3} : 1$

$T_B = 33.9\,\text{N}$　　$T_B = 34\,\text{N}$

糸A：39N，糸B：34N

別解 水平方向と鉛直方向での力のつりあいから，

水平方向：$-T_A\cos30^\circ + T_B = 0$

鉛直方向：$T_A\sin30^\circ - 2.0\times9.8 = 0$

2式から，$T_A = 39.2\,\text{N}$，$T_B = 33.9\,\text{N}$

糸A：39N，糸B：34N

(1) 糸A，Bのそれぞれからはたらく張力

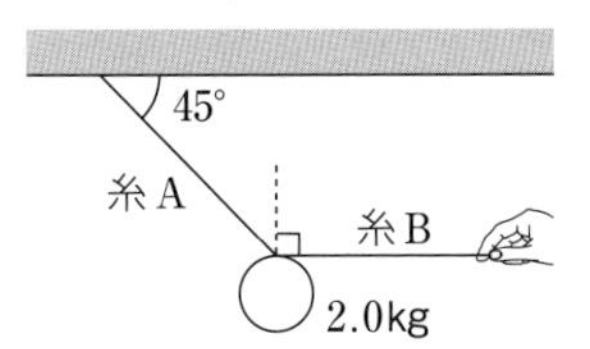

糸A：　　　N，糸B：　　　N

(2) 糸A，Bのそれぞれからはたらく張力

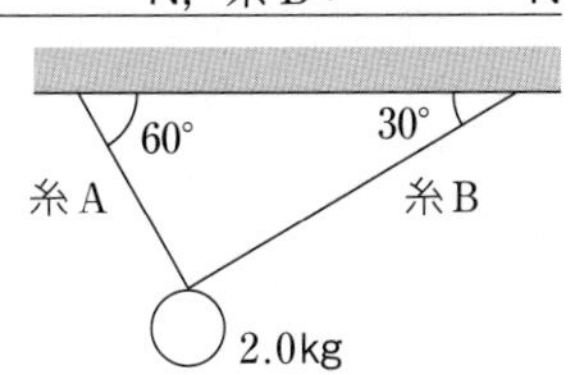

糸A：　　　N，糸B：　　　N

(3) 糸からはたらく張力と面からはたらく垂直抗力

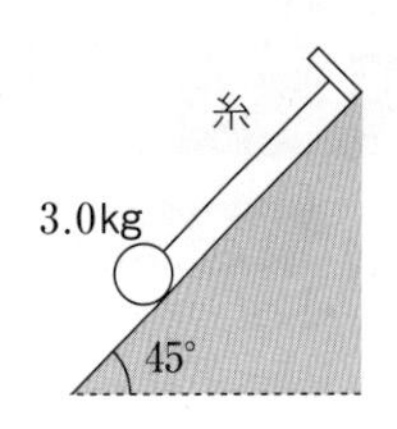

糸：　　　N，面：　　　N

(4) ばねからはたらく弾性力と面からはたらく垂直抗力

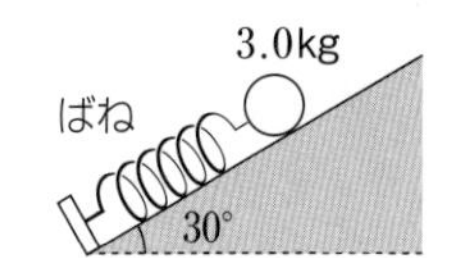

ばね：　　　N，面：　　　N

(5) 手からはたらく力と面からはたらく垂直抗力

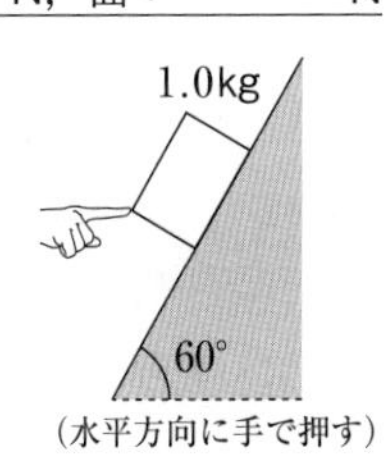

(水平方向に手で押す)

手：　　　N，面：　　　N

14 作用と反作用

学習日　月　日　学習時間　分　得点　/19

まとめ

作用・反作用の法則

物体 A が物体 B から力を受けるとき，物体 B も物体 A から同一作用線上で逆向きに，同じ大きさの力を受ける。

作用と反作用

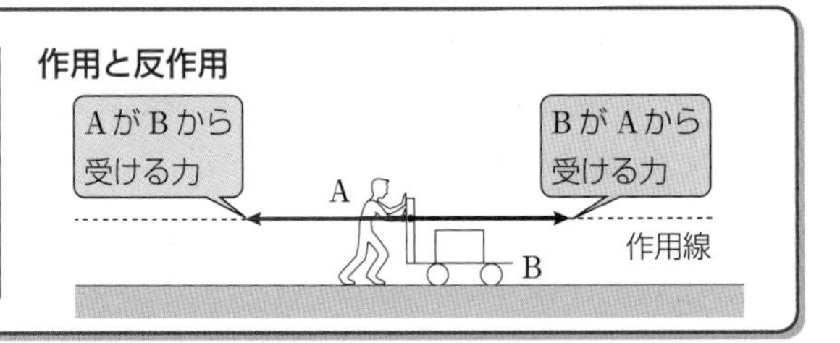

1 力の表し方　次の物体が受けている力は，何が何から受ける力か。

例題

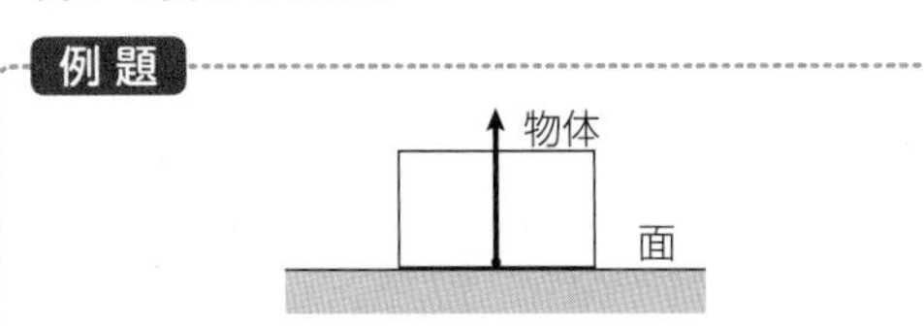

解 鉛直上向きにはたらく力は，面から物体にはたらく垂直抗力である。

〔　物体　〕が〔　面　〕から受ける力

(1)

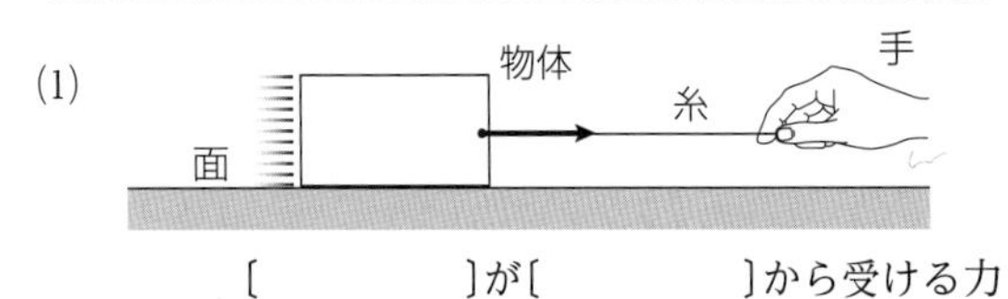

〔　　　　〕が〔　　　　〕から受ける力

(2)

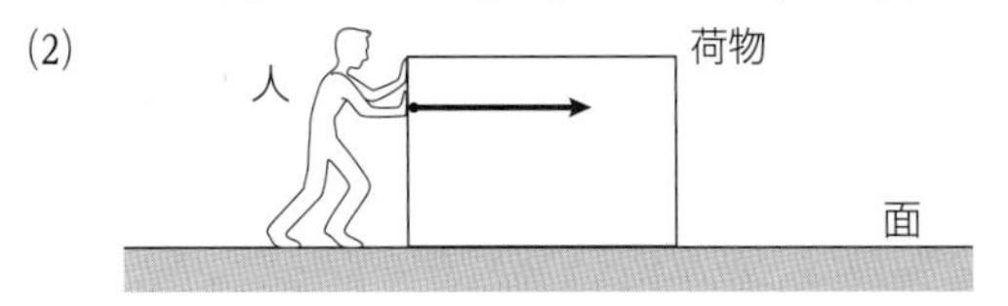

〔　　　　〕が〔　　　　〕から受ける力

(3)

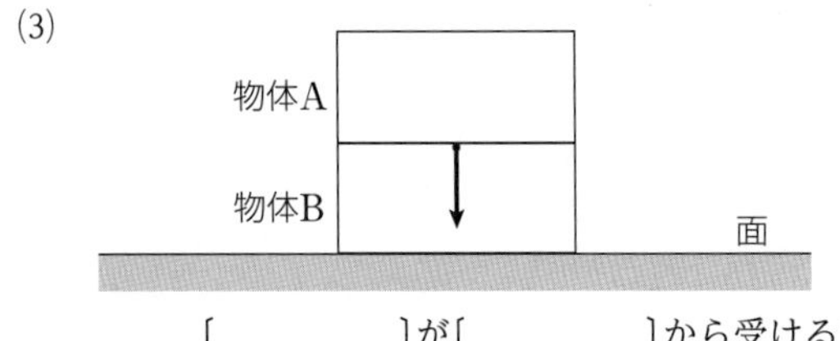

〔　　　　〕が〔　　　　〕から受ける力

(4)

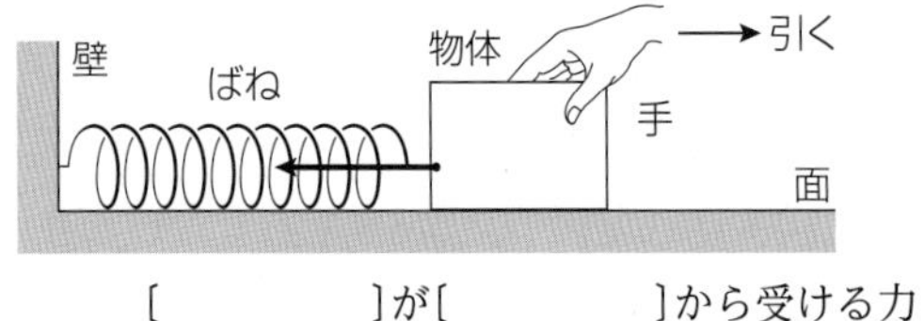

〔　　　　〕が〔　　　　〕から受ける力

(5)

壁　ばね　物体　引く　手　面

〔　　　　〕が〔　　　　〕から受ける力

2 作用と反作用　次に示された力の反作用を図示せよ。

(1)　(2)

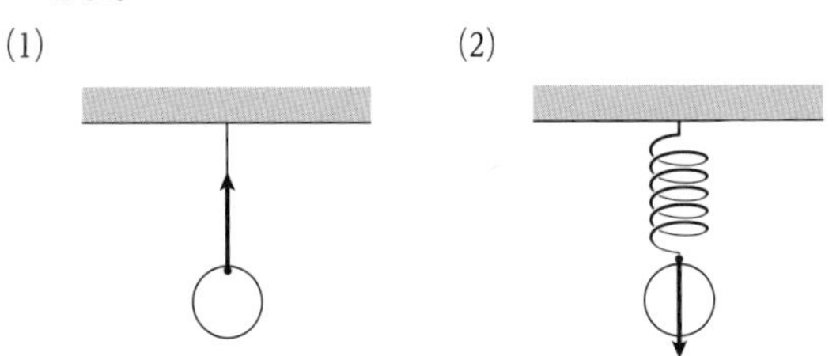

(3)

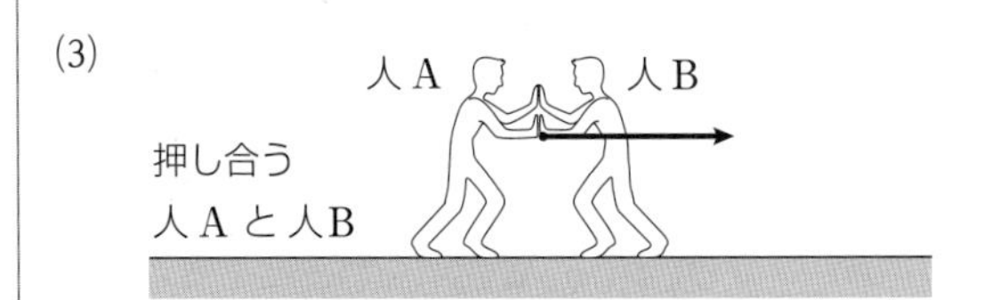

(4)

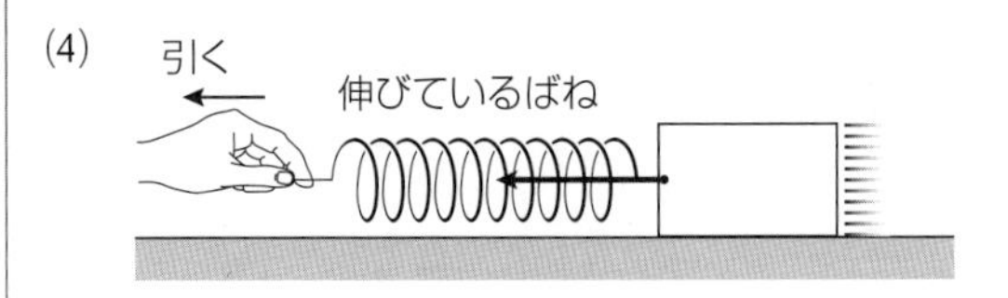

(5)

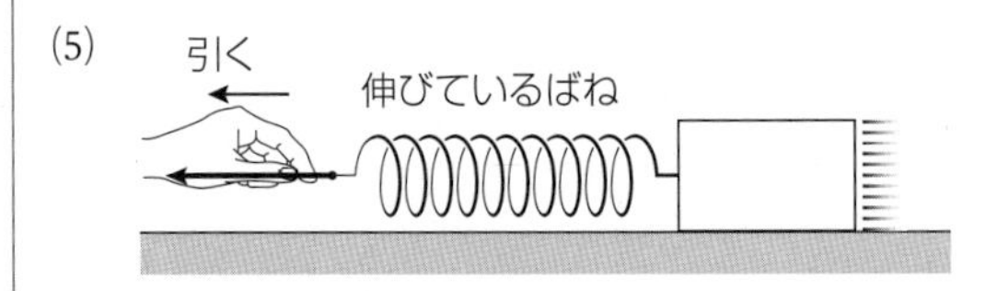

(6)

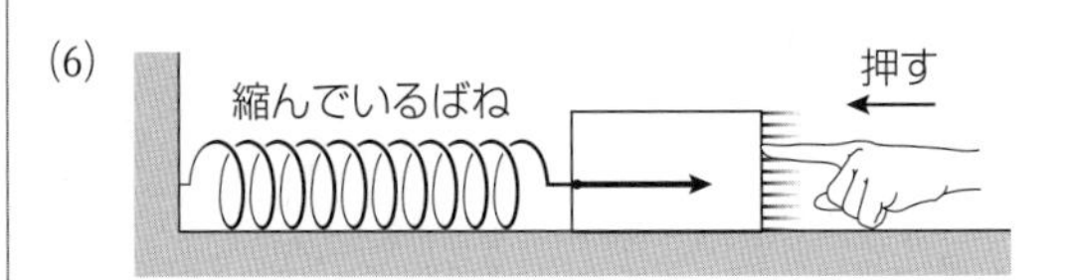

(7)

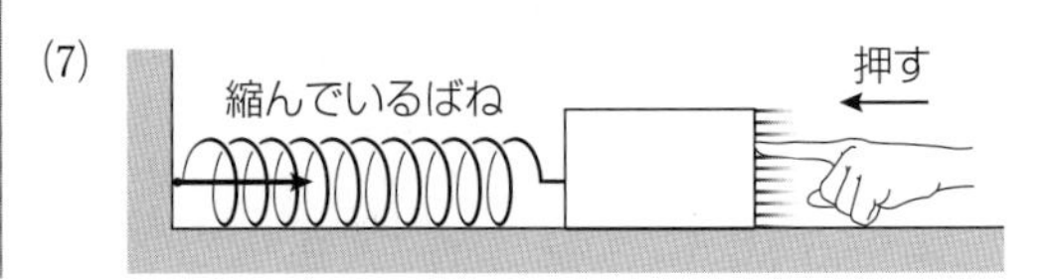

まとめ

つりあう２力と作用・反作用の２力

両者は「同一作用線上にあり，逆向きで大きさが等しい力」という点で似ているが，大きな違いがある。

つりあう２つの力	作用・反作用の２つの力
着目する１つの物体が受ける力。	異なる２つの物体がおよぼしあう力。
リンゴが面から受ける垂直抗力 どちらもりんごが受ける力である。 リンゴが地球から受ける重力	リンゴが面から受ける力 それぞれ別の物体が受ける力である。 面がリンゴから受ける力

3 つりあいと作用・反作用　次に示された力のうち，①，②の組みあわせを記号で答えよ。

①つりあいの関係にある２力

②作用・反作用の関係にある２力

例題

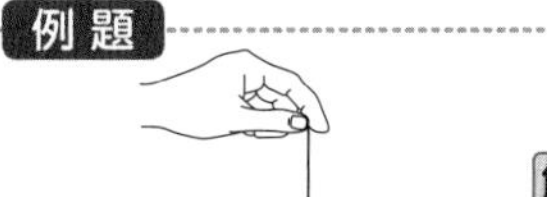

ア　イ　静止　ウ

解

①つりあい

［　ア　］と［　ウ　］

②作用・反作用

［　ア　］と［　イ　］

ア…物体が糸から受ける張力
イ…糸が物体から受ける力
ウ…物体が地球から受ける重力

(1)

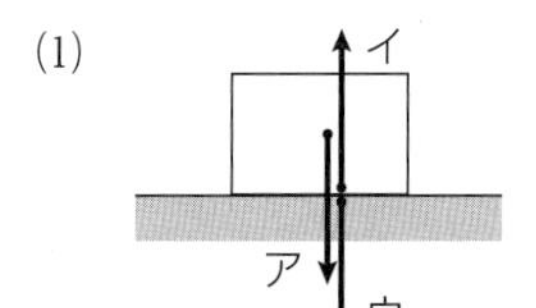

①つりあい

［　　　］と［　　　］

②作用・反作用

［　　　］と［　　　］

(2)

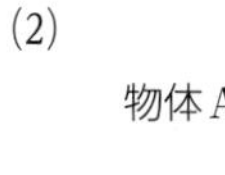
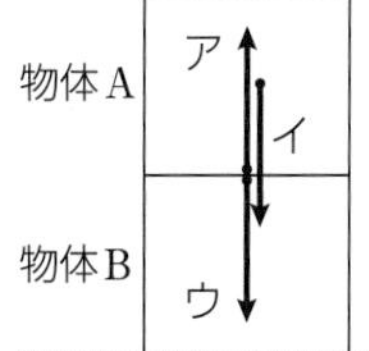

①つりあい

［　　　］と［　　　］

②作用・反作用

［　　　］と［　　　］

(3)

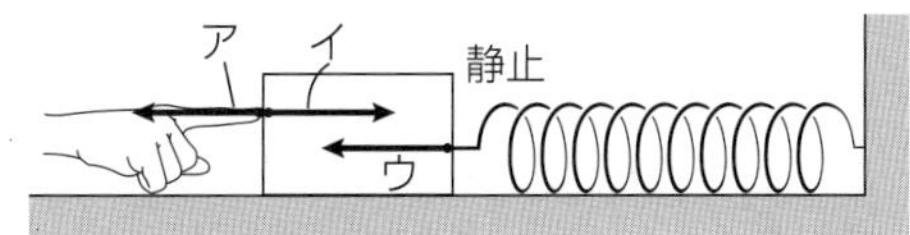

①つりあい　……［　　　］と［　　　］

②作用・反作用…［　　　］と［　　　］

(4)

引く　静止　引く　ア　イ　ウ

①つりあい　……［　　　］と［　　　］

②作用・反作用…［　　　］と［　　　］

(5)

静止　ア　イ　ウ　なめらかな面

①つりあい　……［　　　］と［　　　］

②作用・反作用…［　　　］と［　　　］

(6)

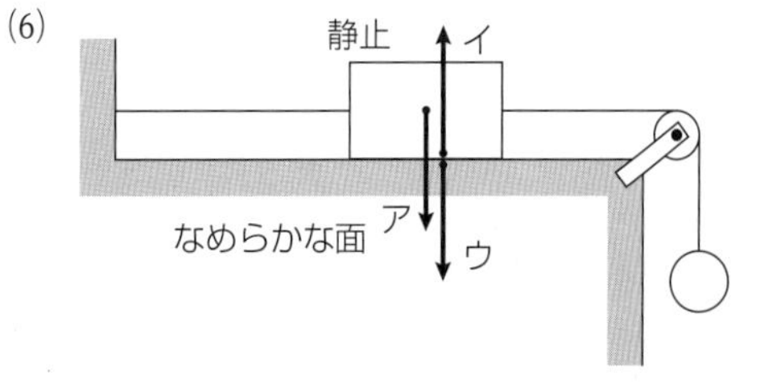

①つりあい　……［　　　］と［　　　］

②作用・反作用…［　　　］と［　　　］

(7)

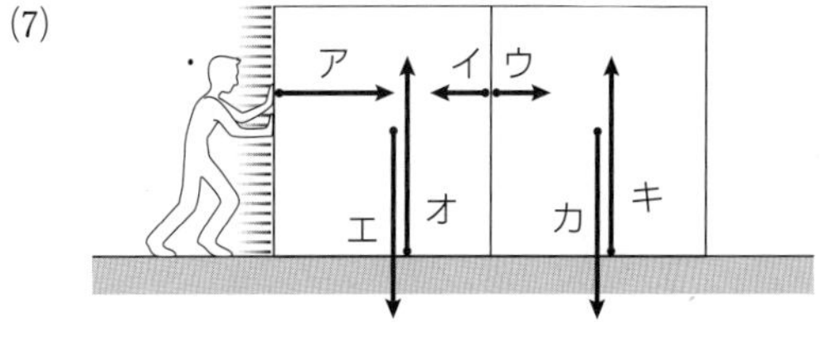

①つりあい　……［　　　］と［　　　］

［　　　］と［　　　］

②作用・反作用…［　　　］と［　　　］

15 物体が受ける力のみつけ方

学習日　　月　　日　学習時間　　分　得点　　/25

まとめ

①地球上のすべての物体は，鉛直下向きの重力を受ける。

②重力以外の力は，接触している他の物体から受ける。

物体にはたらく力には，次のものがある(静電気力や磁気力などを除く)。

重力　鉛直下向きにはたらく力

糸の張力　糸やひもが張っているときにはたらく力

弾性力　ばねが伸び縮みしているときにはたらく力

垂直抗力　面から受ける垂直な力

静止摩擦力　物体が動き出すのを妨げる向きにはたらく力

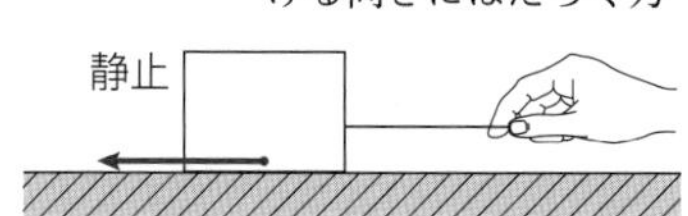

動摩擦力　運動を妨げる向きにはたらく力

右向きに運動

1 物体が受ける力　物体が受ける力を，すべて図示せよ。

例題

落下する物体

解 接触している物体がないので，地球から重力だけを受ける。

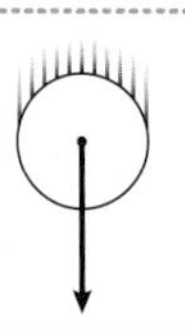

(1)　上昇する物体

(2)　空中を飛ぶ物体

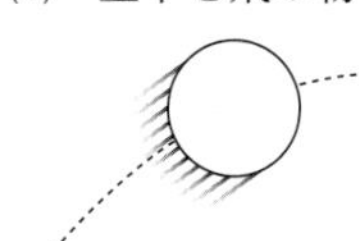

(3)　水平面上の物体

(4)　糸でつり下げられた物体

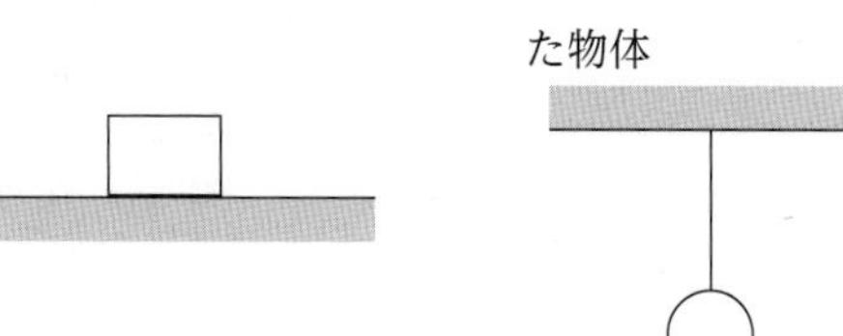

(5)　ばねでつり下げられた物体

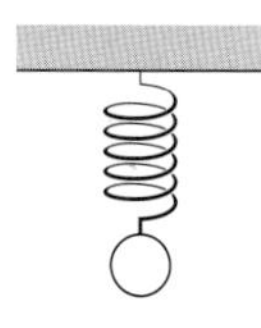

(6)　ばねにつけられた水平面上の物体

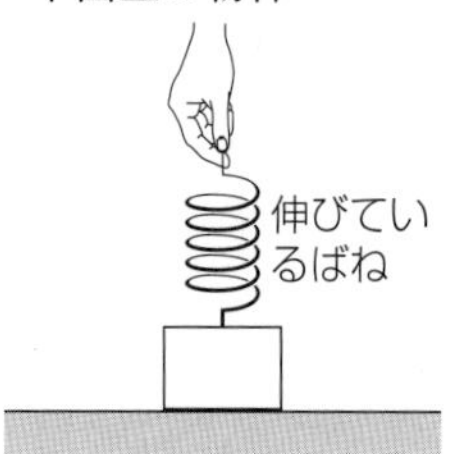

(7)　積み重ねられた物体A

物体 A

物体 B

(8)　積み重ねられた物体B

物体 A

物体 B

(9)　なめらかな水平面上で押される物体

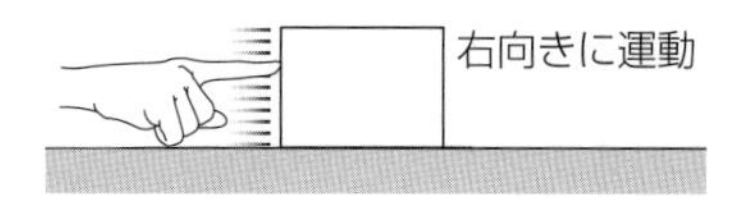

(10)　粗い水平面上を糸で引かれる物体

(11)　粗い水平面上をばねで引かれる物体

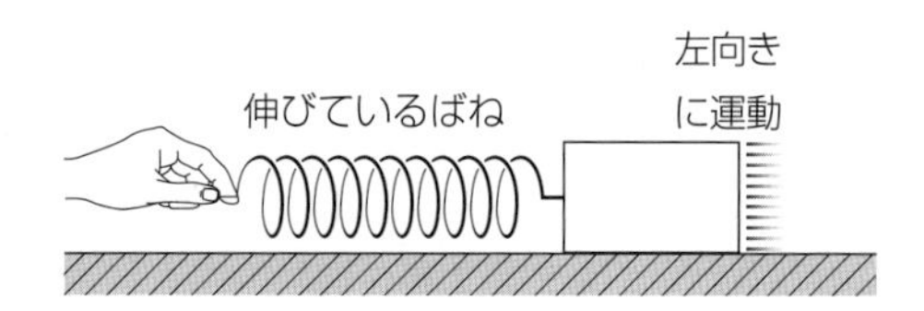

(12) なめらかな水平面上を引かれる物体A

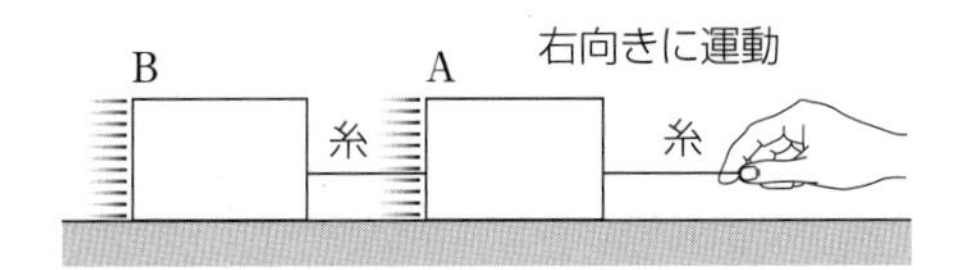

(13) なめらかな水平面上を引かれる物体B

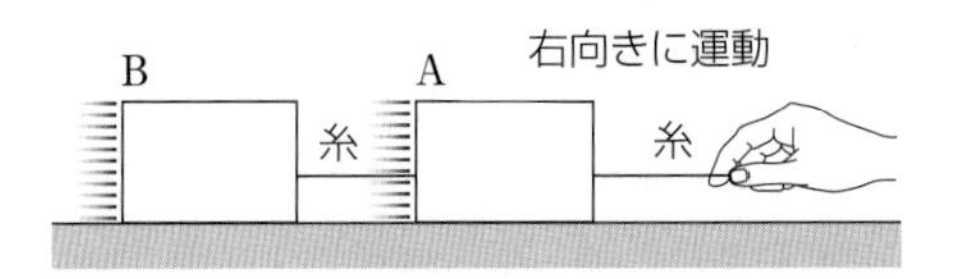

(14) なめらかな水平面上で押される物体A

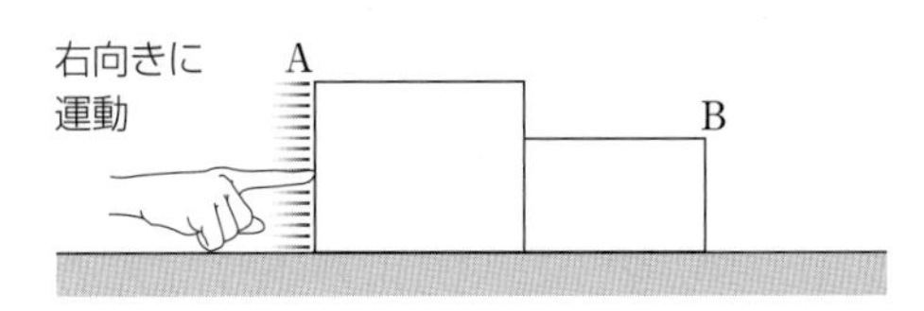

(15) なめらかな水平面上で押される物体B

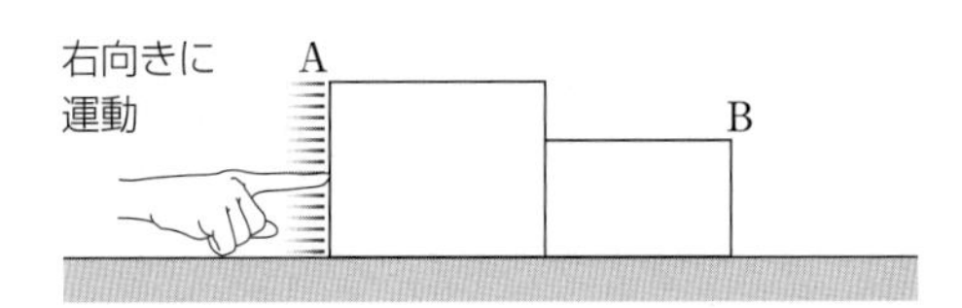

(16) なめらかな斜面上をすべりおりる物体

(17) 粗い斜面上で静止する物体

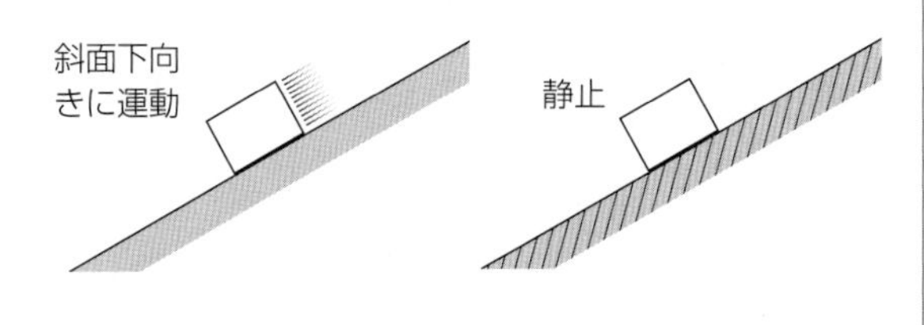

(18) 粗い斜面上をすべりおりる物体

(19) 粗い斜面上をすべり上がる物体

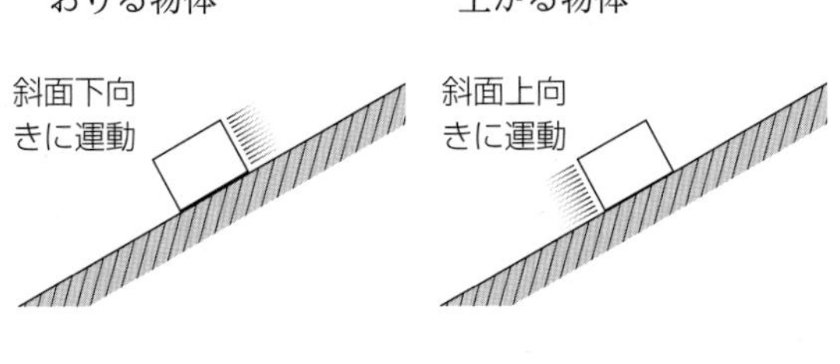

(20) なめらかな水平面上でばねにつながれた物体

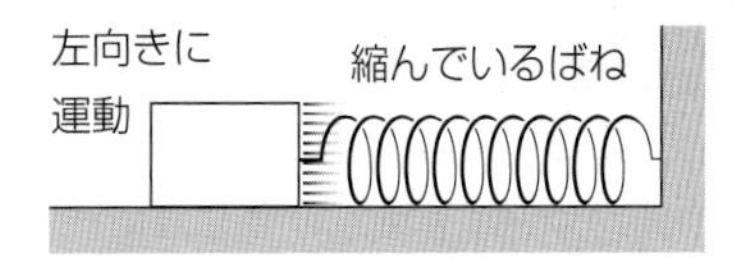

(21) なめらかな水平面上でばねにつながれた物体

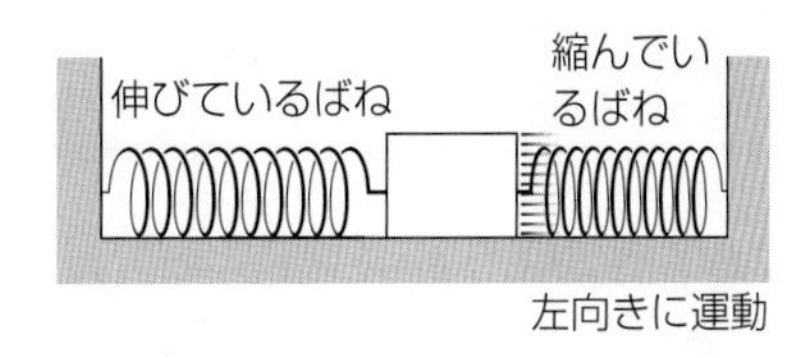

(22) なめらかな水平面上で糸につながれた物体

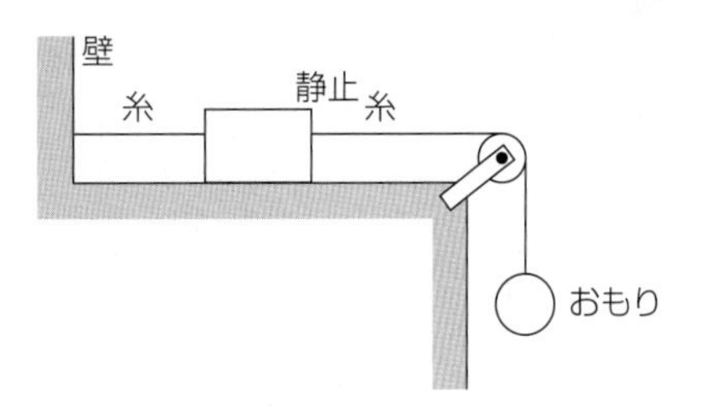

(23) 粗い水平面上をすべる物体

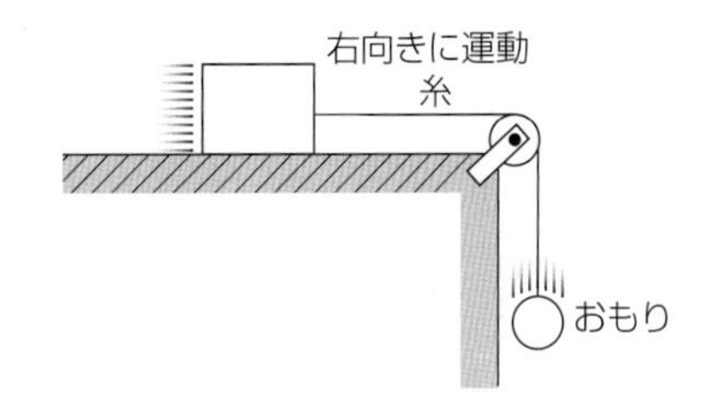

(24) なめらかな斜面上でばねにつながれた物体

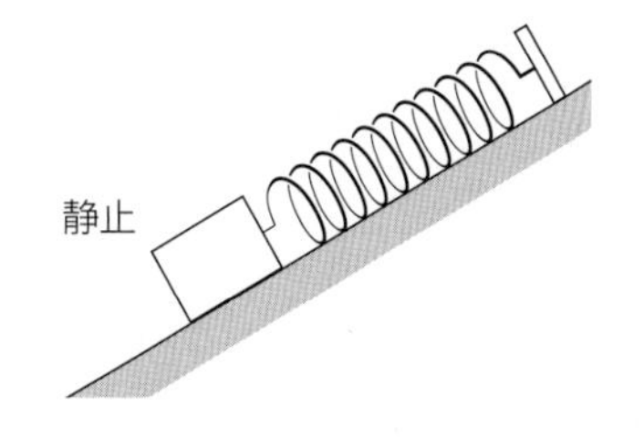

(25) 粗い水平面上で斜め上向きに引かれる物体

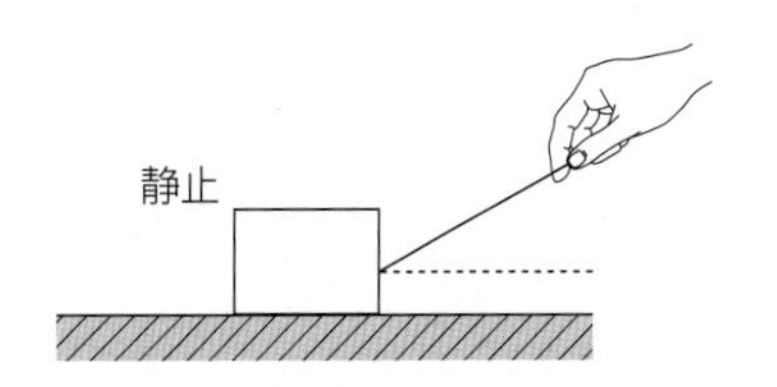

16 運動方程式の利用① ～1つの物体の運動～

学習日　　月　　日　学習時間　　分　得点　　/13

まとめ

運動方程式の立て方

①どの物体について運動方程式を立てるかを決める。
②着目する物体が受ける力を図示する。
③正の向きを定め，加速度を a とする。
④物体が受ける運動方向の力の成分の和を求め，
　運動方程式 $ma=F$ に代入する。

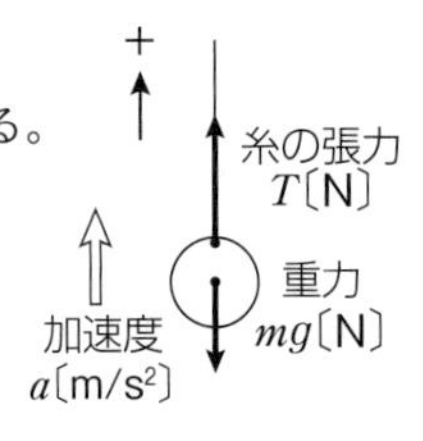

①糸につながれた物体に着目する。
⇩
②重力 mg，糸の張力 T を受ける。
⇩
③鉛直上向きを正，加速度を a とする。
⇩
④力の成分の和は $T-mg$ となり，運動方程式に代入する。$ma=T-mg$

1 水平面上の運動

図のように，なめらかな水平面上で，物体が水平方向に力を受けて運動をしている。次の物理量の大きさと向きを求めよ。

例題

物体の加速度

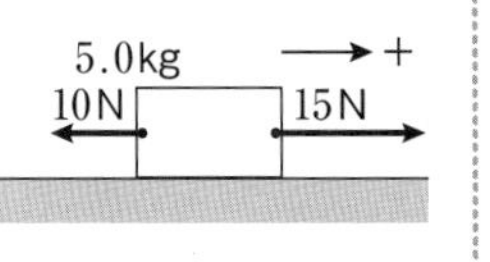

解 右向きを正とする。物体が受ける運動方向の力の成分の和は，

$F=15-10=5$ N　「$ma=F$」に代入して，

$5.0\times a=5$　　$a=1$ m/s^2

大きさ：1m/s²，向き：**右向き**

物体は重力，垂直抗力を受けるが，運動方向の成分はなく，考慮しなくてよい。

(1) 物体の加速度

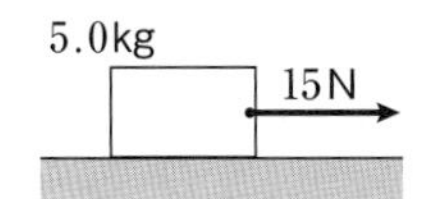

大きさ：　　　　，向き：

(2) 糸の張力

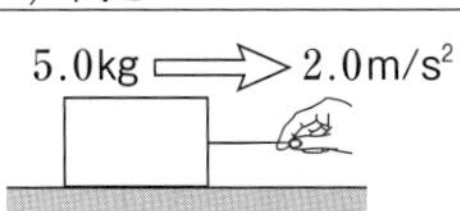

大きさ：　　　　，向き：

(3) 物体の加速度

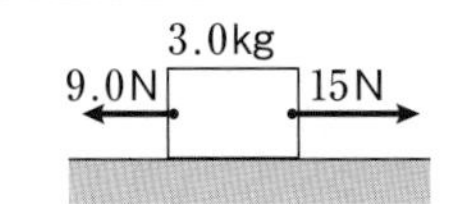

大きさ：　　　　，向き：

(4) 物体の加速度

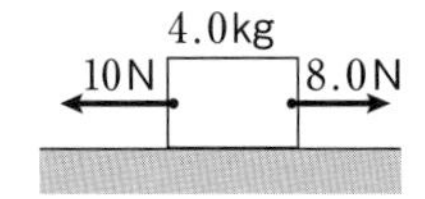

大きさ：　　　　，向き：

※以下の問では，重力加速度の大きさを 9.8m/s² とする。

2 鉛直方向の運動

図のように，鉛直方向に物体が力を受けて運動をしている。次の物理量の大きさと向きを求めよ。

(1) 物体の加速度

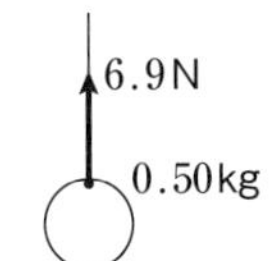

大きさ：　　　　，向き：

(2) 物体の加速度

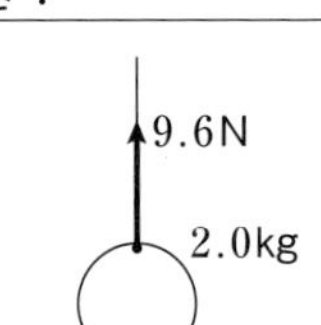

大きさ：　　　　，向き：

(3) ばねの弾性力

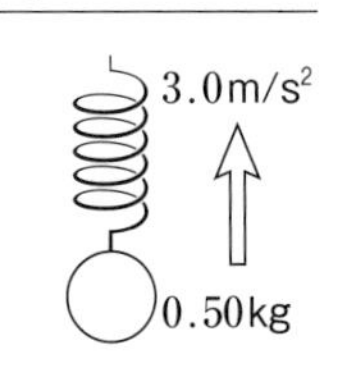

大きさ：　　　　，向き：

(4) 糸の張力

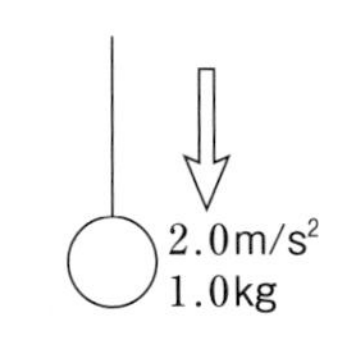

大きさ：　　　　，向き：

3 斜めの力を受ける物体 図のように，なめらかな水平面上，または斜面上で，物体が力を受けて運動をしている。次の物理量を求めよ。

例題

物体の加速度

解 物体が受ける力を図示し，斜面に平行な方向と垂直な方向に分解して，斜面下向きを正とする。

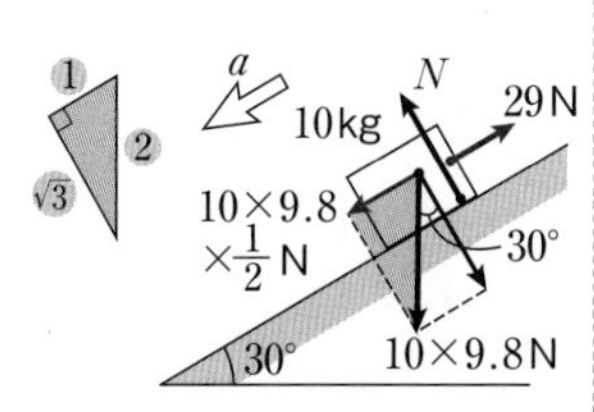

直角三角形の辺の長さの比から，斜面に平行な方向(運動方向)の重力の成分の大きさ F_x は，

$10\times9.8 : F_x = 2 : 1$　　$F_x = 10\times9.8\times\frac{1}{2}$

$F_x = 49\,\text{N}$

したがって，斜面に平行な方向の力の成分の和は，

$49-29=20\,\text{N}$

であり，運動方程式「$ma=F$」に代入して，

$10\times a = 20$　　$a=2.0\,\text{m/s}^2$

大きさ：$2.0\,\text{m/s}^2$，向き：**斜面下向き**

別解 三角比を利用して，斜面に平行な方向の力の成分の和を求めることもできる。

$10\times9.8\times\sin 30^\circ - 29 = 20\,\text{N}$

(1) 物体の加速度の大きさと向き

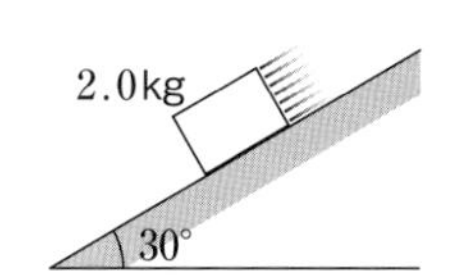

大きさ：　　　　　　，向き：

(2) 物体の加速度の大きさと向き

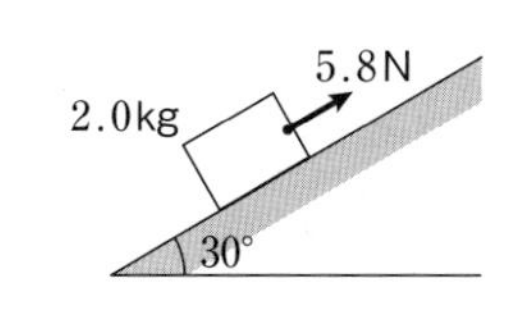

大きさ：　　　　　　，向き：

(3) 斜面下向きの力の大きさ F

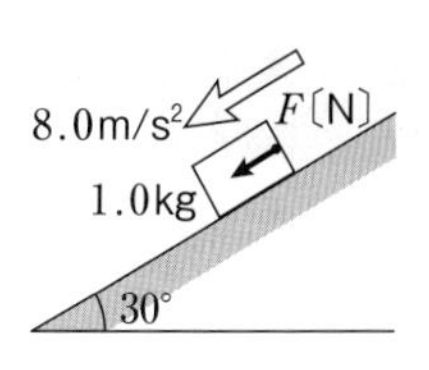

(4) 斜面上向きの力の大きさ F

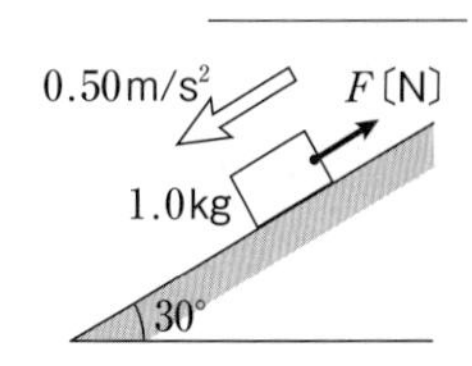

(5) 物体の加速度の大きさと向き

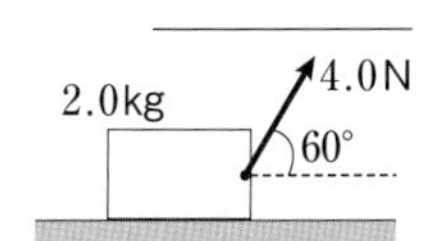

大きさ：　　　　　　，向き：

17 運動方程式の利用② ～2つの物体の運動～

学習日　月　日　学習時間　分　得点　/10

まとめ

接触する2物体の運動

それぞれの物体にはたらいている力を図示し，各物体について運動方程式を立てる。

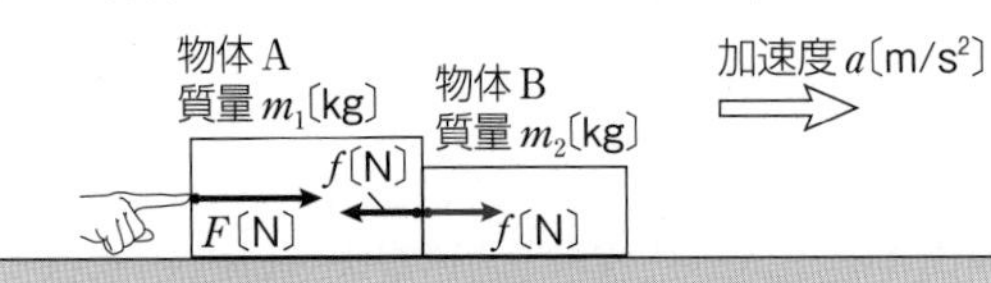

作用・反作用の関係
BはAから大きさfの力で押され，
AはBから大きさfの力で押し返される。

Aの運動方程式：$m_1a=F-f$　　Bの運動方程式：$m_2a=f$

1 接触する2物体の運動　図のように，なめらかな水平面上で接触している2つの物体が，水平方向に力を受けて等加速度直線運動をしている。次の物理量の大きさを求めよ。

例題

A，Bの加速度
AとBがおよぼしあう力

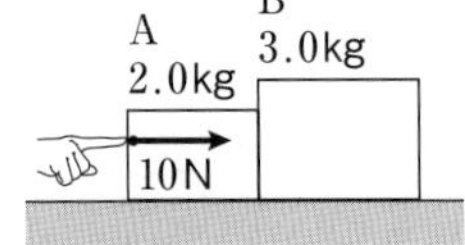

解 A，Bがそれぞれ受ける力を図示し，右向きを正とする。A，Bの加速度は等しく，これをa〔m/s²〕として，AとBがおよぼしあう力の大きさをf〔N〕とする。A，Bのそれぞれの運動方程式は，

A：$2.0\times a=10-f$　…①
B：$3.0\times a=f$　…②

式①，②の辺々を足して，fを消去し，

$(2.0+3.0)\times a=10$　　$a=2.0\text{m/s}^2$

式②に代入して，

$f=6.0\text{N}$

加速度：2.0m/s²，およぼしあう力：6.0N

※ A，Bが受ける鉛直方向の力は，運動方向の成分をもたないので，省略している。

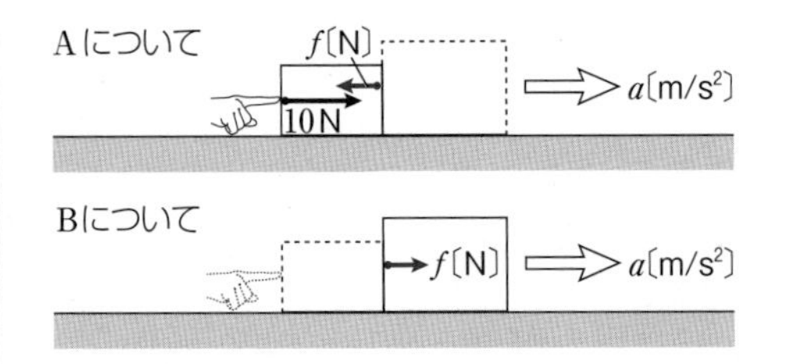

Aが受ける力，Bが受ける力を混同しないように，力を図示するとき，その作用点は，力を受ける物体の内部に示すとよい。

(1) A，Bの加速度
AとBがおよぼしあう力

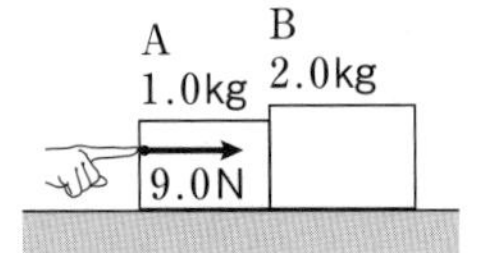

加速度：　　　　，およぼしあう力：

(2) A，Bの加速度
AとBがおよぼしあう力

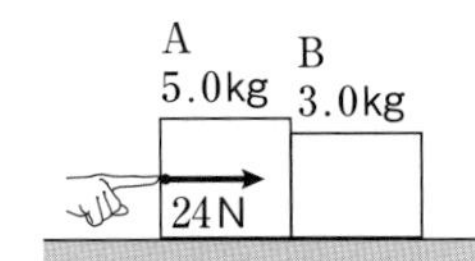

加速度：　　　　，およぼしあう力：

(3) Aを押す力
AとBがおよぼしあう力

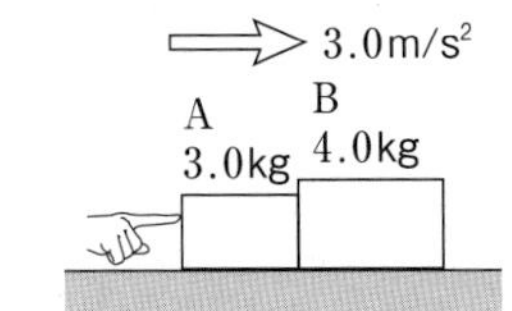

押す力：　　　　，およぼしあう力：

(4) Aを押す力
AとBがおよぼしあう力

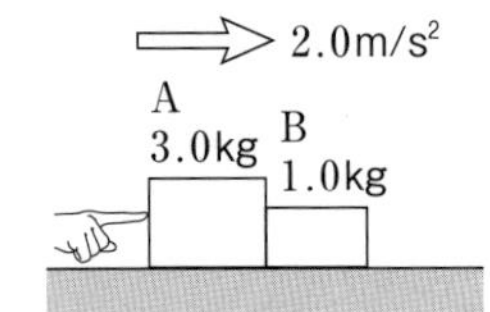

押す力：　　　　，およぼしあう力：

2 糸でつながれた2物体の運動

図のように，糸でつながれた2つの物体が，力を受けて等加速度直線運動をしている。次の物理量の大きさを求めよ。ただし，重力加速度の大きさを9.8m/s^{2}とし，面はすべてなめらかであるとする。

A，Bの加速度
糸の張力

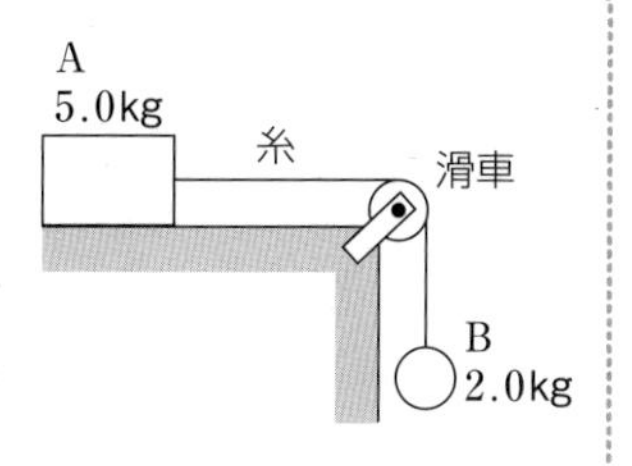

解 A，Bがそれぞれ受ける力を図示し，Aは右向き，Bは鉛直下向きを正とする。

A，Bの加速度は等しく，これをa〔m/s^2〕とし，糸の張力をT〔N〕とする。

A：$5.0\times a=T$ …①

B：$2.0\times a=2.0\times 9.8-T$ …②

式①，②の辺々を足して，Tを消去し，

$(2.0+5.0)\times a=19.6$　　$a=2.8$m/s^2

式①に代入して，

$T=14$N

加速度：2.8m/s^2，糸の張力：14N

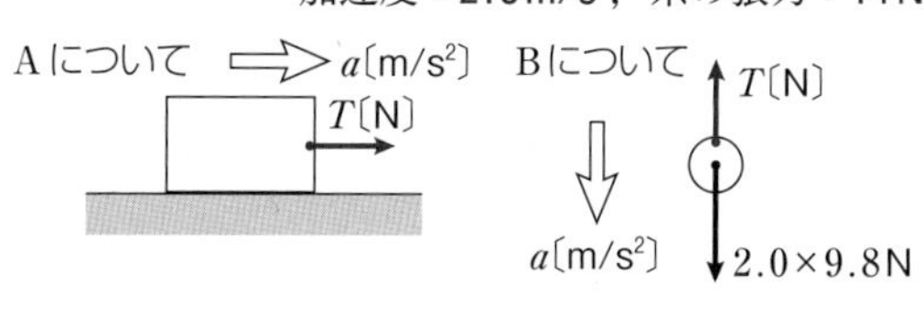

(1) A，Bの加速度
糸の張力

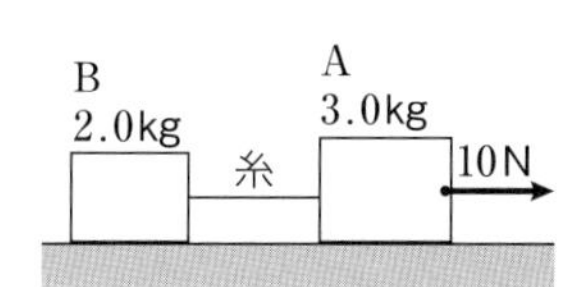

加速度：　　　　，糸の張力：

(2) A，Bの加速度
糸の張力

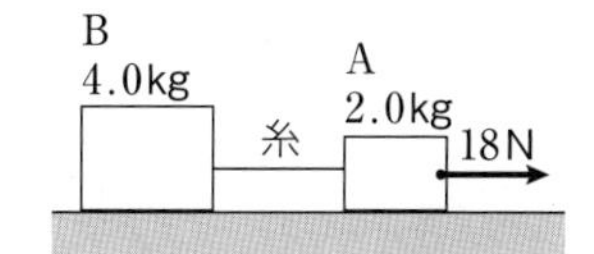

加速度：　　　　，糸の張力：

(3) A，Bの加速度
糸の張力

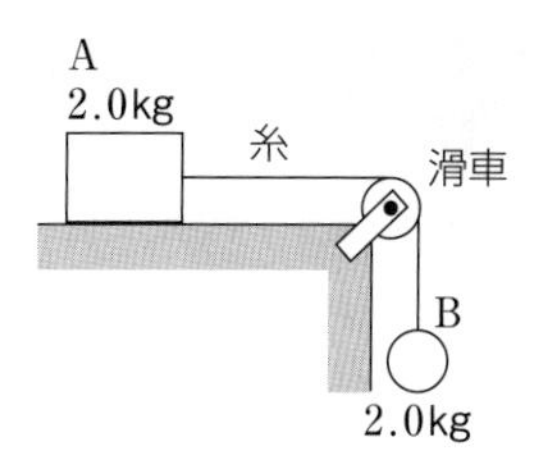

加速度：　　　　，糸の張力：

(4) A，Bの加速度
糸の張力

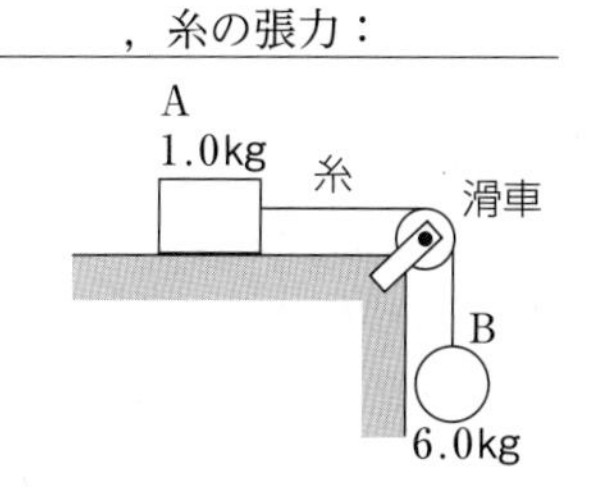

加速度：　　　　，糸の張力：

(5) A，Bの加速度
糸の張力

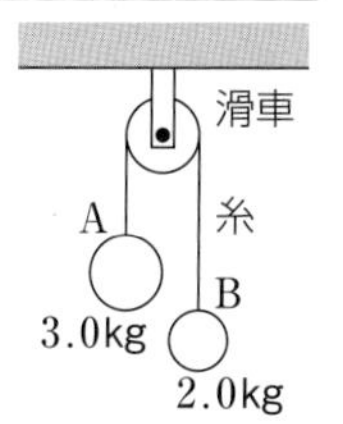

加速度：　　　　，糸の張力：

(6) A，Bの加速度
糸の張力

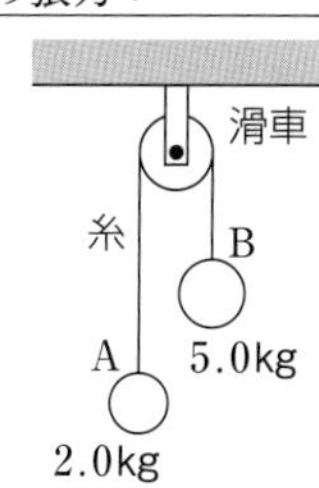

加速度：　　　　，糸の張力：

静止摩擦力

学習日　月　日　学習時間　分　得点　/11

まとめ

静止摩擦力

物体が静止しているときに受ける摩擦力。

加えた力に応じて変化する。

最大摩擦力

物体がすべり始める直前の静止摩擦力(静止摩擦力の最大値)。垂直抗力の大きさ N に比例する。

$F_0=\mu N$　（μ：静止摩擦係数）

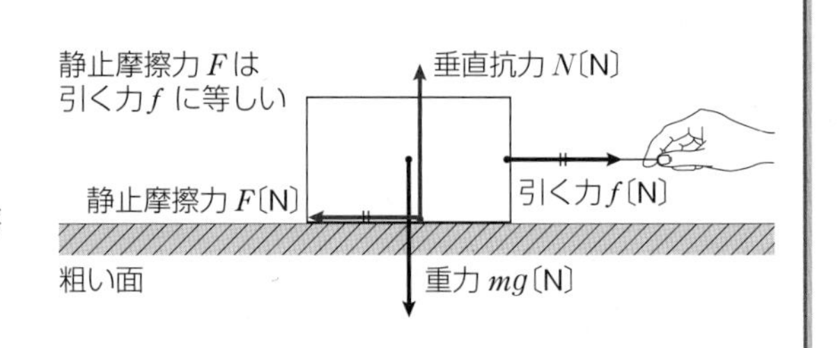

※以下の問では，重力加速度の大きさを 9.8m/s^2 とする。

1 水平面上の静止摩擦力　図のように，粗い水平面上に置かれた物体が力を受けて静止している。静止摩擦力の大きさは何Nか。

例題

解　水平方向の力のつりあいから，

$F=10$N

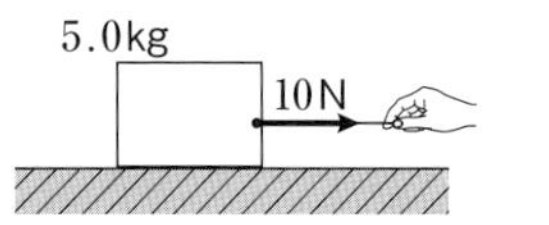

静止摩擦力の大きさは，加えた力の大きさに応じて変化し，面に平行な方向の力の成分の和が0となる。

(1)

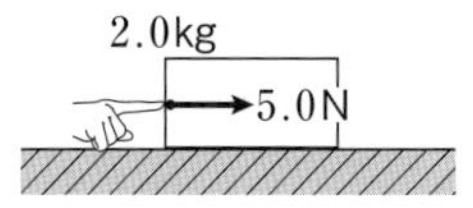

(2)

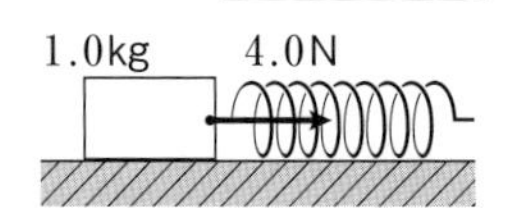

(3)

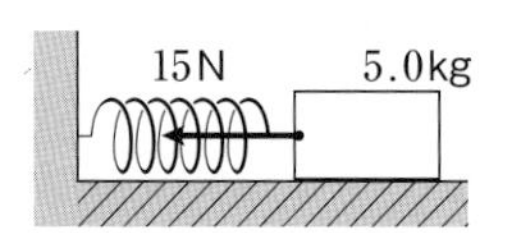

(4)

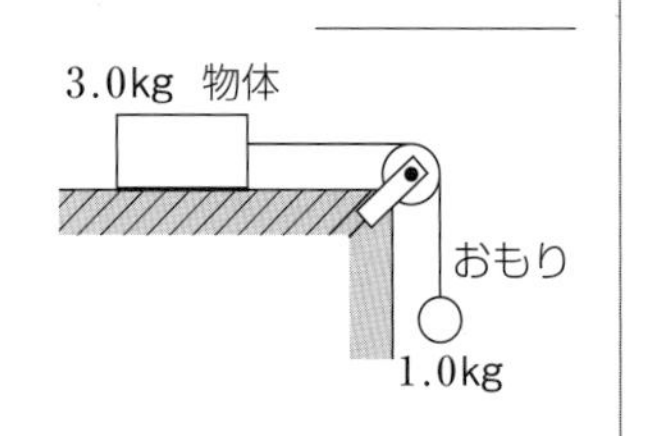

2 水平面上の最大摩擦力　粗い水平面上に置かれた物体について，次の各問に答えよ。

例題

質量10kgの物体に，水平方向へ徐々に大きな力を加えていくと，49Nをこえたときに物体は動き始めた。最大摩擦力の大きさは何Nか。また，物体と面との間の静止摩擦係数はいくらか。

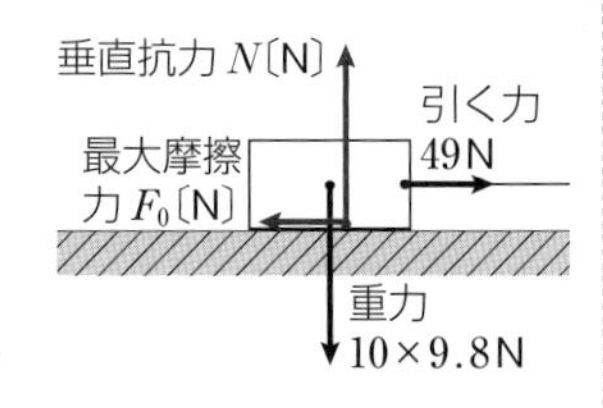

解　物体が動き始める直前の摩擦力が最大摩擦力である。水平方向の力のつりあいから，

$49-F_0=0$　　$F_0=49$N

垂直抗力 N〔N〕は，鉛直方向の力のつりあいから，

$N-10\times9.8=0$　　$N=98$N

$F_0=\mu N$ を用いて，$\mu=\dfrac{F_0}{N}=\dfrac{49}{98}=0.50$

最大摩擦力：49N，静止摩擦係数：0.50

(1)　質量2.0kgの物体に，水平方向へ徐々に大きな力を加えていくと，9.8Nをこえたときに物体は動き始めた。物体と面との間の静止摩擦係数はいくらか。

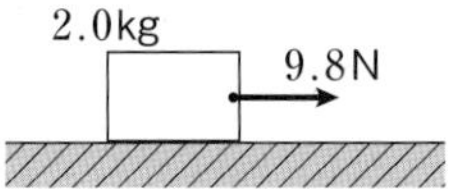

(2)　物体と面との間の静止摩擦係数は0.50である。物体に，下向きに9.8Nの力を加えたまま，水平方向に徐々に大きな力を加えていくと，何Nをこえたときに物体はすべり出すか。

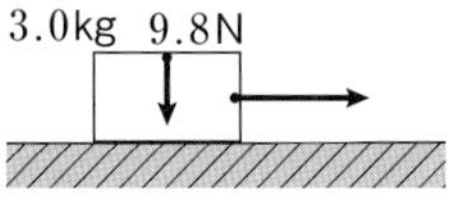

3 斜面上の静止摩擦力

図のように，粗い斜面上に置かれた物体が力を受けて静止している。静止摩擦力の大きさと向きを求めよ。

例題

解 物体にはたらく力を図示し，斜面に平行な方向と垂直な方向に分解する。直角三角形の辺の長さの比から，斜面に平行な方向における重力の成分の大きさ W_x は，

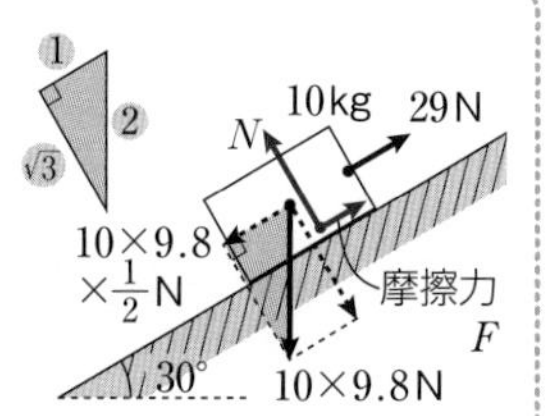

$W_x：10\times9.8=1：2$　　$2W_x=10\times9.8$

$W_x=10\times9.8\times\dfrac{1}{2}=49\text{N}$

斜面に平行な方向の力のつりあいの式から，

$F+29-49=0$

$F=20\text{N}$　　大きさ：20N，向き：斜面上向き

別解 斜面に平行な方向における重力の成分の大きさは，三角比を用いて求めることもできる。

$10\times9.8\times\sin30^\circ=49\text{N}$

(1)

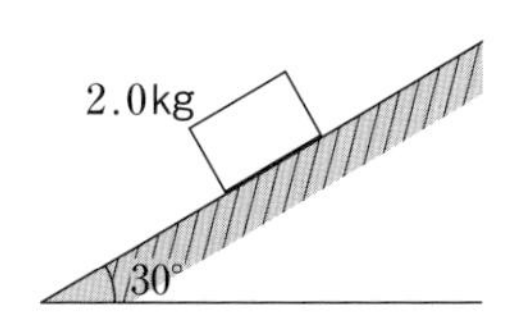

大きさ：　　　　　，向き：

(2)

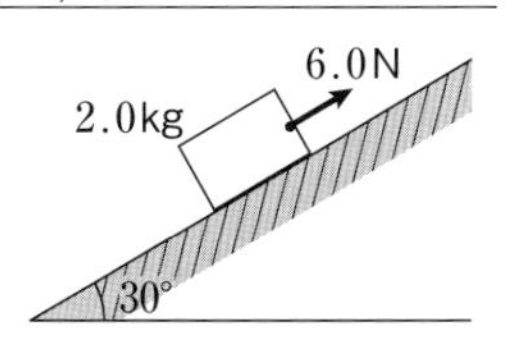

大きさ：　　　　　，向き：

(3)

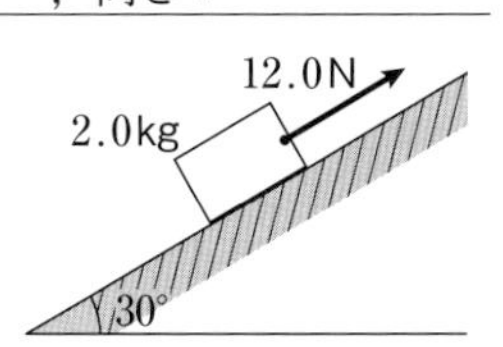

大きさ：　　　　　，向き：

4 斜面上の最大摩擦力

図のように，粗い板上に置かれた物体について，次の各問に答えよ。

(1) 粗い板の上に質量2.0kgの物体を置き，徐々に傾けていくと，水平とのなす角が45°よりも大きくなったときに物体はすべり出した。最大摩擦力の大きさは何Nか。また，物体と板との間の静止摩擦係数はいくらか。ただし，$\sqrt{2}=1.41$とする。

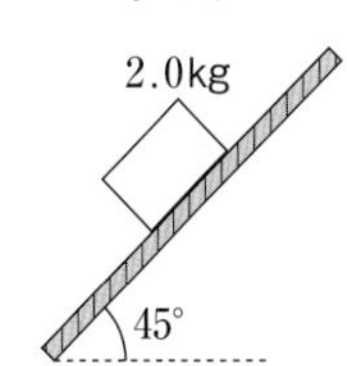

最大摩擦力：　　　　，静止摩擦係数：

(2) 水平とのなす角が30°の粗い板の上に質量1.0kgの物体を置き，斜面に沿って上向きにT〔N〕の力で引く。上向きにすべり始める直前のとき，Tの大きさは何Nか。ただし，静止摩擦係数は$\dfrac{1}{\sqrt{3}}$とする。

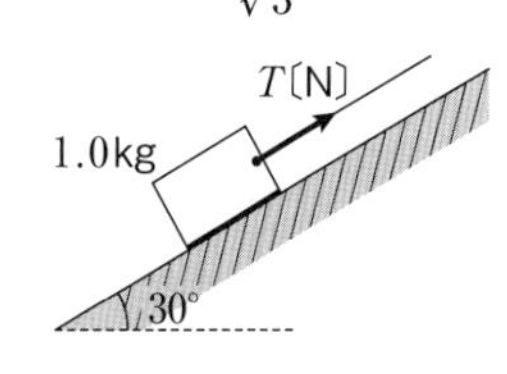

19 動摩擦力

学習日　月　日　学習時間　分　得点　/10

まとめ

動摩擦力

物体が運動しているときに受ける摩擦力。
垂直抗力の大きさ N に比例する。

$F'=\mu' N$　（μ'：動摩擦係数）

F' は物体の速さに関係なく，垂直抗力と動摩擦係数のみで決まる。

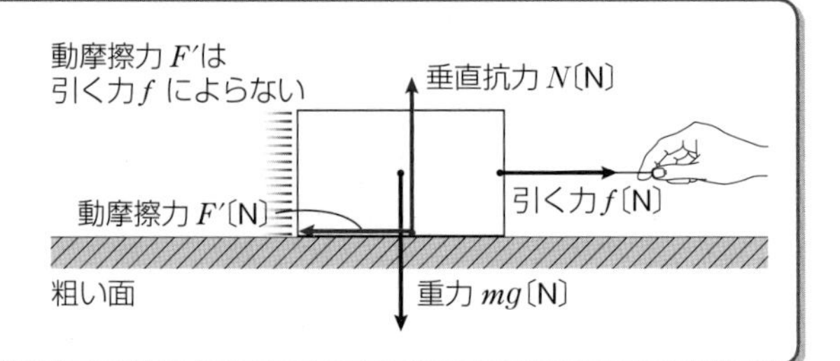

1 動摩擦力　図のように，粗い面上で運動している物体について，重力加速度の大きさを9.8m/s^{2}として，次の各問に答えよ。

例題

質量5.0kgの物体が，右向きに力を受けて運動している。物体と面との間の動摩擦係数を0.50として，動摩擦力の大きさと向きを求めよ。

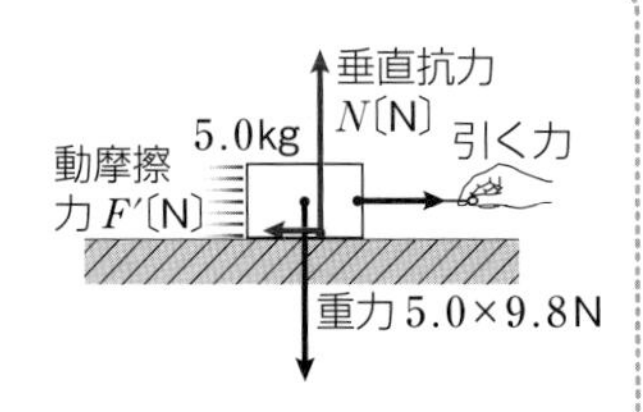

解　物体が受ける力を図示する。鉛直方向の力のつりあいから，　$N-5.0\times9.8=0$　$N=49$N

動摩擦力の向きは，運動を妨げる向き（左向き）である。動摩擦力の大きさ F' は，「$F'=\mu' N$」から，

$F'=0.50\times49=24.5$N

大きさ：25N，向き：左向き

(1)　質量2.0kgの物体が，右向きに力を受けて運動している。物体と面との間の動摩擦係数を0.25として，動摩擦力の大きさと向きを求めよ。

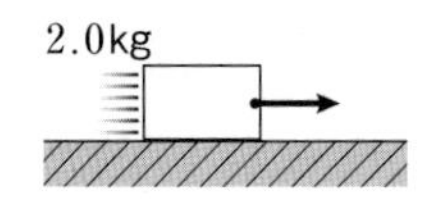

大きさ：　　　　，向き：

(2)　右向きに運動している質量2.0kgの物体が，左向きに力を受けている。物体と面との間の動摩擦係数を0.25として，動摩擦力の大きさと向きを求めよ。

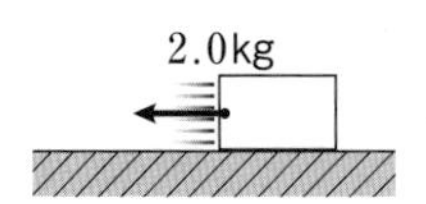

大きさ：　　　　，向き：

(3)　質量5.0kgの物体が，右向きに力を受けて10m/sで等速直線運動をしている。物体と面との間の動摩擦係数を0.10として，動摩擦力の大きさと向きを求めよ。

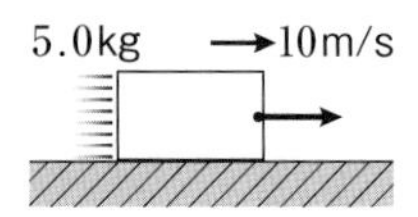

大きさ：　　　　，向き：

(4)　質量10kgの物体が斜面下向きに運動している。物体と面との間の動摩擦係数を0.20として，動摩擦力の大きさと向きを求めよ。ただし，$\sqrt{3}=1.73$とする。

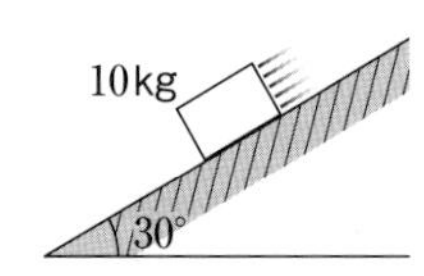

大きさ：　　　　，向き：

(5)　質量10kgの物体に初速度を与え，斜面上向きにすべらせた。このとき，物体と面との間の動摩擦係数を0.40として，動摩擦力の大きさと向きを求めよ。ただし，$\sqrt{3}=1.73$とする。

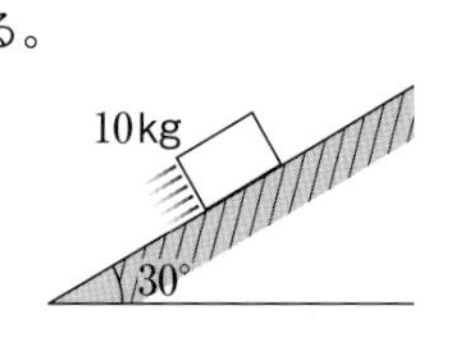

大きさ：　　　　，向き：

2 動摩擦力と運動方程式

図のように，粗い面上で運動している物体について，重力加速度の大きさを $9.8\mathrm{m/s^2}$ として，次の各問に答えよ。

例題

質量2.0kgの物体が，左向きにすべっている。物体と面との間の動摩擦係数を0.30として，物体と加速度の大きさと向きを求めよ。

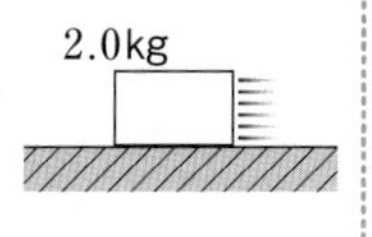

解 物体にはたらく力を図示する。鉛直方向の力のつりあいから， $N-2.0\times9.8=0$ $N=19.6\mathrm{N}$

動摩擦力の向きは，運動を妨げる向き(右向き)である。動摩擦力の大きさ F' は，「$F'=\mu' N$」から，

$F'=0.30\times19.6=5.88\mathrm{N}$

水平方向の運動方程式は，左向きを正として

$2.0\times a=-5.88$ $a=-2.94$

加速度：$2.9\mathrm{m/s^2}$，向き：**右向き**

(1) 質量5.0kgの物体が，右向きにすべっている。物体と面との間の動摩擦係数を0.10として，物体の加速度の大きさと向きを求めよ。

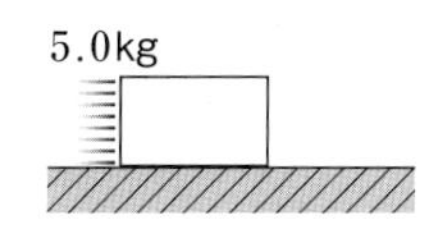

大きさ：＿＿＿＿，向き：＿＿＿＿

(2) 質量10kgの物体が，右向きに70Nの力を受けて運動している。物体と面との間の動摩擦係数を0.50として，物体の加速度の大きさと向きを求めよ。

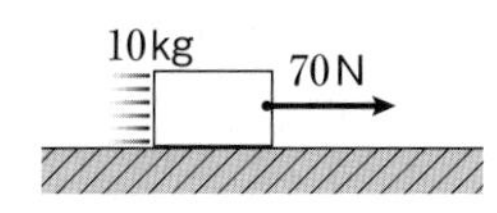

大きさ：＿＿＿＿，向き：＿＿＿＿

3 動摩擦力と運動方程式

図のように，粗い斜面上で運動している物体について，動摩擦係数を μ'，重力加速度の大きさを g〔$\mathrm{m/s^2}$〕として，次の各問に答えよ。

(1) 質量 m〔kg〕の物体を斜面に沿って上向きにすべらせると，やがて最高点に達し，その後，斜面に沿って下向きにすべり降りた。

(a) 物体が斜面を上向きにすべっているときの加速度の大きさと向きを求めよ。

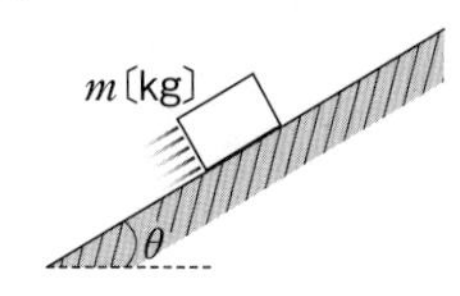

大きさ：＿＿＿＿，向き：＿＿＿＿

(b) 物体が斜面を下向きにすべっているときの加速度の大きさと向きを求めよ。

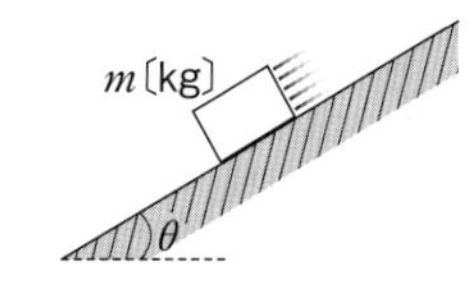

大きさ：＿＿＿＿，向き：＿＿＿＿

(2) 質量 m〔kg〕の物体を，斜面に沿って上向きに大きさ T〔N〕の力で引き上げている。この物体の加速度の大きさと向きを求めよ。

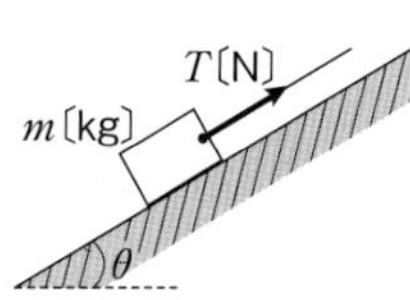

大きさ：＿＿＿＿，向き：＿＿＿＿

20 流体から受ける力

学習日　　月　　日　学習時間　　分　得点　　/12

まとめ

圧力

圧力とは，単位面積あたりにはたらく力の大きさである。

面積S〔m^2〕の面に垂直に，大きさF〔N〕の力がはたらくとき，圧力p〔Pa〕は，

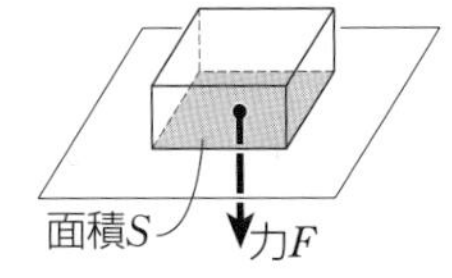

$$p=\frac{F}{S}$$

水圧

水面が大気に接する場合，大気圧をp_0〔Pa〕，水の密度をρ〔kg/m^3〕とすると，深さh〔m〕における水圧p〔Pa〕は，

$$p=p_0+\rho hg$$

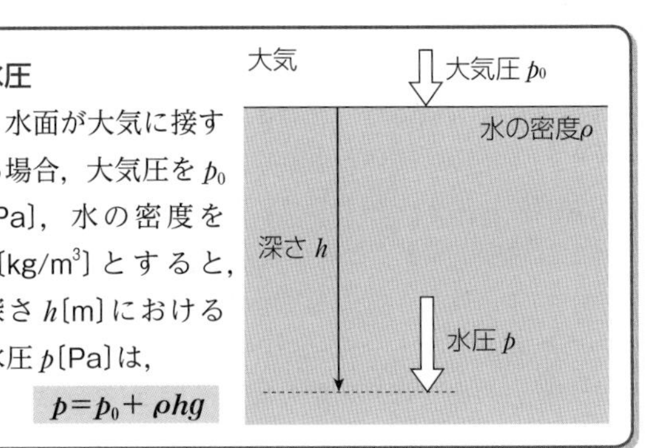

※以下の問では，重力加速度の大きさを9.8m/s^{2}とする。

1 圧力　次の各問に答えよ。

例題

水平面上に質量5.0kg，底面積0.20m^{2}の均質な直方体が置かれている。水平面のうち，直方体と接している部分が，直方体から受ける圧力は何Paか。

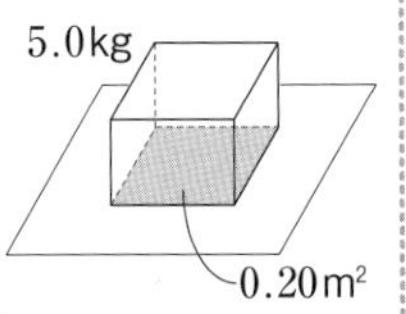

解 この直方体の重さは，

5.0×9.8＝49N

なので，直方体から受ける圧力p〔Pa〕は，

$$p=\frac{49}{0.20}=245\text{Pa}\qquad p=2.5\times10^2\text{Pa}$$

(1) 水平面上に質量3.0kg，底面積0.60m^{2}の均質な直方体が置かれている。水平面のうち，直方体と接している部分が，直方体から受ける圧力は何Paか。

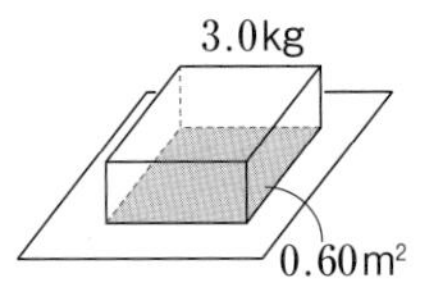

____

(2) 水平面上に底面積0.50m^{2}の均質な直方体が置かれている。大気圧を1.0×10^{5}Paとして，この直方体の上面が大気圧から受ける力の大きさは何Nか。

____

(3) 図のような，重さ36Nの直方体がある。A～Cの各面を下にして床に置いたとき，床が受ける圧力p_A，p_B，p_Cは，それぞれ何Paか。

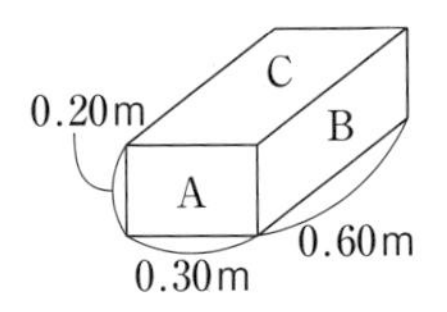

p_A：　　　　，p_B：　　　　，p_C：

2 水圧　大気圧を$p_0=1.0\times10^5$Pa，水の密度を$\rho=1.0\times10^3$kg/m^{3}とし，次の各問に答えよ。

(1) 図の点AとBの深さにおける水圧p_Aとp_Bは，それぞれ何Paか。

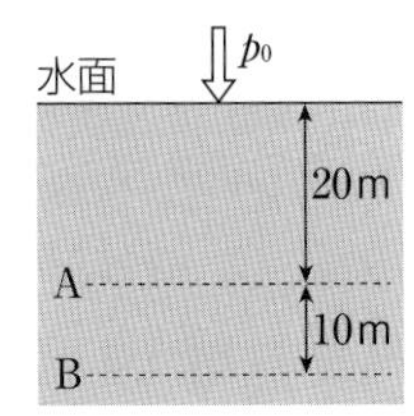

p_A：　　　　，p_B：

(2) 図のように，直方体を水に沈めた。直方体の上面と下面の水圧p_1とp_2は，それぞれ何Paか。

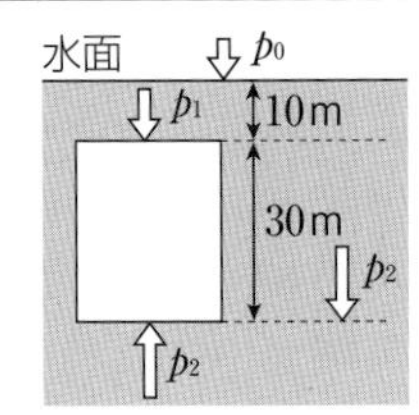

p_1：　　　　，p_2：

まとめ

浮力

水中の物体が受ける浮力は，上面，下面のそれぞれが受ける水圧による力 F_1〔N〕，F_2〔N〕の差によって生じる。

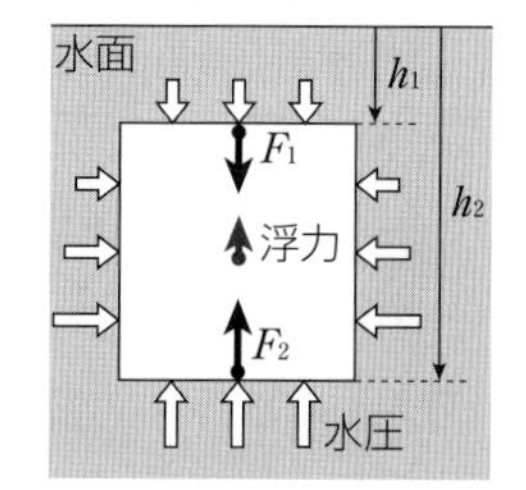

水の密度を ρ〔kg/m³〕，直方体の体積を V〔m³〕，重力加速度の大きさを g〔m/s²〕とすると，浮力の大きさ F〔N〕は，

$$F=\rho Vg$$

アルキメデスの原理

浮力の大きさは，物体が押しのけた流体の重さに等しい。

3 浮力　水の密度を $\rho=1.0\times10^3$kg/m³ として，次の各問に答えよ。

例題

体積 4.0×10^{-3}m³ の木片全体を水に沈める。この木片が受ける浮力の大きさは何Nか。

解 アルキメデスの原理より，浮力の大きさは，木片が押しのけた水の重さに等しいので，

$F=\rho Vg=(1.0\times10^3)\times(4.0\times10^{-3})\times9.8$

$=39.2$N　　39N

(1) 体積が 5.0×10^{-3}m³，密度が 9.0×10^3kg/m³ の物体に糸をつけ，図のように，水中に沈めて静止させた。

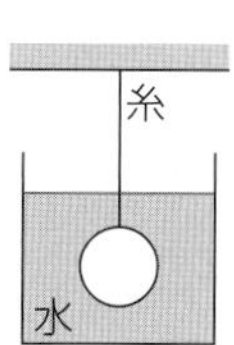

(a) 物体にはたらく重力の大きさは何Nか。

(b) 物体にはたらく浮力の大きさは何Nか。

(c) 糸の張力の大きさは何Nか。

(2) 質量3.0kgの木片が水に浮かんで静止している。

(a) 物体にはたらく重力の大きさは何Nか。

(b) 木片にはたらく浮力の大きさは何Nか。

(c) 水に沈んでいる部分の木片の体積は何m³か。

(3) 重さ10N，体積 3.0×10^{-3}m³ の木片が水に浮かんでいる。この木片を図のように完全に沈めるために加えた外力の大きさは何Nか。

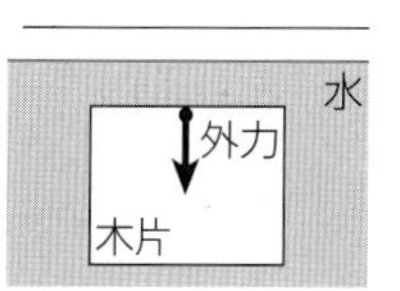

重要事項一覧

1 中学校の復習

●**分数における四則演算**　分数の足し算や引き算の計算は，通分をして分母をそろえて計算する。掛け算は，分母どうし，分子どうしを掛け合わせ，割り算は，割る数の逆数を掛けて計算する。

2 有効数字と単位の換算

●**指数**　10 を n 個かけあわせ，10^n で示したもの

$10^0=1$　　　$10^{-n}=\dfrac{1}{10^n}$

$10^m\times10^n=10^{m+n}$　　$10^m\div10^n=10^{m-n}$

$(10^m)^n=10^{m\times n}$

●**有効数字**　測定で得られた意味のある数字
数値は□×10^n の形で表記される(1≦□<10)。

●**単位の換算**　単位には 10 の整数乗倍を表す接頭語がつくことがある。　k(キロ)：10^3 など

3 等速直線運動

●**等速直線運動**　直線上を一定の速さで進む物体の運動　$x=vt$　(移動距離＝速さ×経過時間)

●**等速直線運動のグラフ**

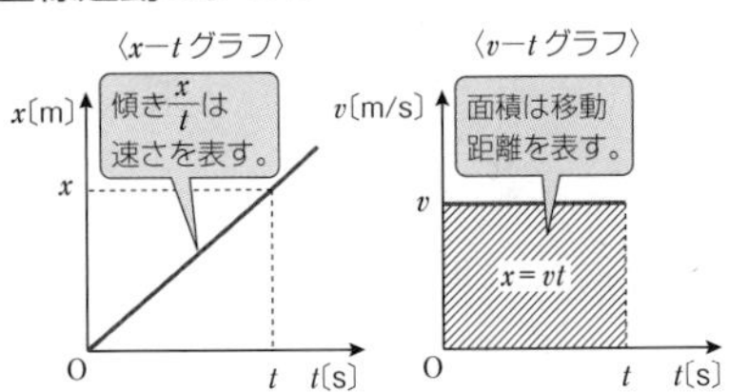

4 速度の合成・相対速度

●**速度の合成**　2 つの速度を 1 つの速度にまとめること　$v=v_1+v_2$

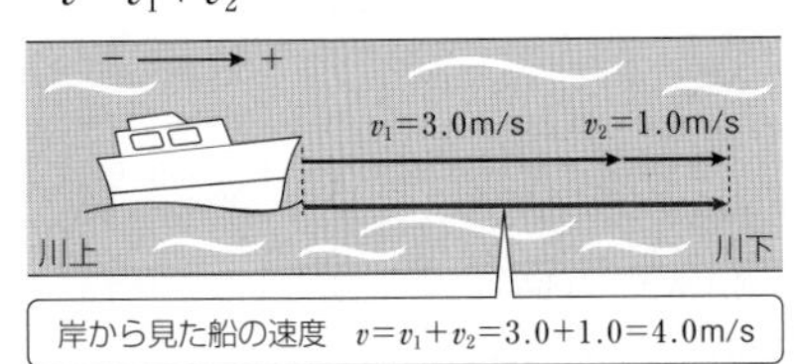

岸から見た船の速度　$v=v_1+v_2=3.0+1.0=4.0$m/s

●**相対速度**　A から見た B の速度(A に対する B の相対速度)　$v_{AB}=v_B-v_A$

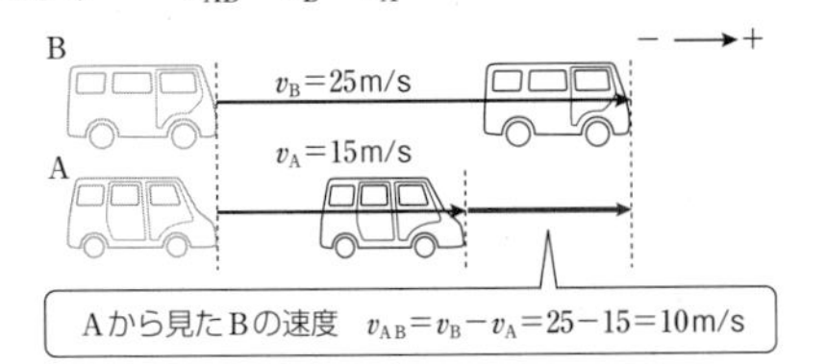

Aから見たBの速度　$v_{AB}=v_B-v_A=25-15=10$m/s

5・6・7 等加速度直線運動

●**等加速度直線運動**　直線上を一定の加速度で物体が進む運動

●**等加速度直線運動の式**

t〔s〕後の速度：$v=v_0+at$

t〔s〕後の変位：$x=v_0t+\dfrac{1}{2}at^2$

t〔s〕を消去した式：$v^2-v_0{}^2=2ax$

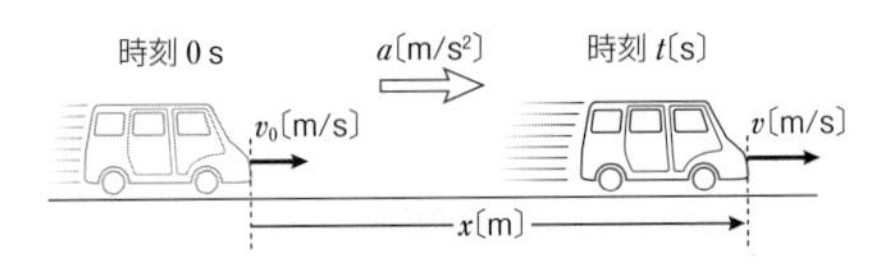

8 自由落下と鉛直投射

●**自由落下**　(鉛直下向きを正)

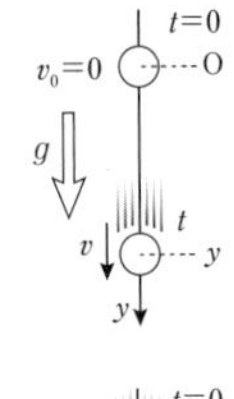

t〔s〕後の速度：$v=gt$

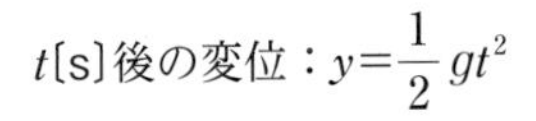

t〔s〕後の変位：$y=\dfrac{1}{2}gt^2$

t〔s〕を消去した式：$v^2=2gy$

●**鉛直投げおろし**　(鉛直下向きを正)

t〔s〕後の速度：$v=v_0+gt$

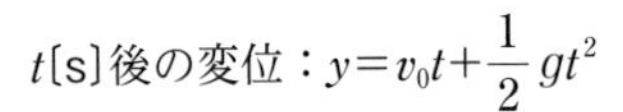

t〔s〕後の変位：$y=v_0t+\dfrac{1}{2}gt^2$

t〔s〕を消去した式：$v^2-v_0{}^2=2gy$

●**鉛直投げ上げ**　(鉛直上向きを正)

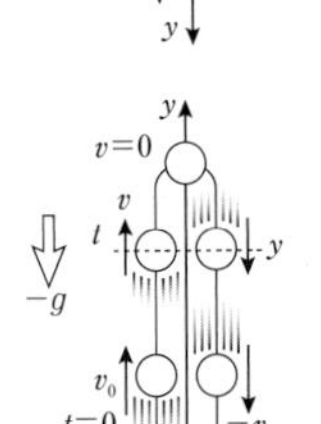

t〔s〕後の速度：$v=v_0-gt$

t〔s〕後の変位：$y=v_0t-\dfrac{1}{2}gt^2$

t〔s〕を消去した式：$v^2-v_0{}^2=-2gy$

9 水平投射と斜方投射

●**水平投射**　水平方向には等速直線運動，鉛直方向には自由落下と同じ運動をしている。

●**斜方投射**　水平方向には等速直線運動，鉛直方向には鉛直投げ上げと同じ運動をしている。

10 力の表し方

●**力の表し方**　作用点から力の向きに，力の大きさに比例した長さの矢印を描く。

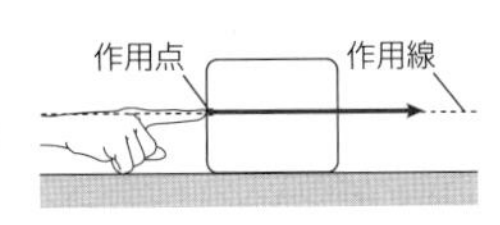

●**重力**　$W=mg$
(重力＝質量×重力加速度)

●**弾性力**　$F=kx$
(弾性力＝ばね定数×伸び(縮み))

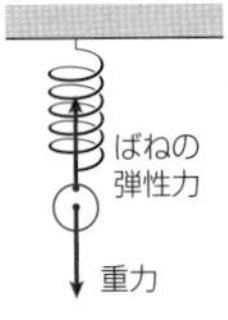